中国水之行丛书

灵秀
珠江

水利部珠江水利委员会　中国水利学会　组编

石秋池　主编

 中国水利水电出版社
www.waterpub.com.cn

·北京·

内容提要

本书从青少年的心理特点和认知规律出发，以图文结合的表现形式，重点讲述了中国七大江河之一——珠江的相关知识。同时，采用拓展思考问题的方式启发读者思考，并通过实践来加深对珠江流域的了解。本书内容包括珠江的历史、珠江的支流、珠江上的水利工程、珠江的地貌和环境、珠江周围的城市等。

本书既可作为小学高年级学生及初中生的科普读物，也可供社会大众阅读参考。

图书在版编目（CIP）数据

灵秀珠江 / 石秋池主编；水利部珠江水利委员会，中国水利学会组编. -- 北京：中国水利水电出版社，2022.9

（中国水之行丛书）

ISBN 978-7-5226-0968-3

Ⅰ.①灵… Ⅱ.①石… ②水… ③中… Ⅲ.①珠江流域－生态环境－环境教育－青少年读物 Ⅳ.①X321.26-49

中国版本图书馆CIP数据核字(2022)第165308号

审图号：GS 京（2022）1067 号

书　　名	中国水之行丛书 灵秀珠江 LINGXIU ZHU JIANG
作　　者	水利部珠江水利委员会　中国水利学会　组编 石秋池　主编
出版发行	中国水利水电出版社 （北京市海淀区玉渊潭南路1号D座100038） 网址：www.waterpub.com.cn E-mail: sales@mwr.gov.cn 电话：(010) 68545888
经　　售	北京科水图书销售有限公司 电话：(010) 68545874、63202643 全国各地新华书店和相关出版物销售网点
排　　版	中国水利水电出版社装帧出版部
印　　刷	天津嘉恒印务有限公司
规　　格	184mm×260mm　16开本　6.5印张　200千字
版　　次	2022年9月第1版　2022年9月第1次印刷
印　　数	0001—4000册
定　　价	48.00 元

凡购买我社图书，如有缺页、倒页、脱页的，本社营销中心负责调换

版权所有·侵权必究

本书编纂委员会

主　编　石秋池

副主编　谢　宝　张广燕　吴　剑　程　锐　李　亮

参　编　廖小龙　刘艳菊　黄　亮　王　萍　钟逸轩
　　　　蒋　然　吴怡蓉　代　健　陈　良　王志鹏
　　　　程中阳　罗　昊　颜文珠　王　琼　杨姗姗
　　　　贾海涛　刘锦权　吴欧俣　王勤熙　傅洁瑶

序

这本《灵秀珠江》是继《美丽长江》之后又一本由水利科技工作者专门为中小学生撰写的科普读物。欣欣然!

许多人的童年都有一条河在身边陪伴。下河捞鱼,偷偷跑到河边游泳,看着大人们在河边劳作,等等。但是河流到底蕴藏了多少知识,流动着多少有趣的故事,承载着多少代人的智慧,很多孩子不知道,以至于长大了总有一种"如果早知道,就会……"的惋惜。

科普能够做到的就是给予孩子们适当的知识,点燃他们的兴趣,激发他们没有条条框框的灵感、幻想……长大了,那些奇妙的灵感、幻想,很多都变成了他们终身追求的理想,变成了服务于社会的优秀成果。

感谢水利科技工作者,他们真正地把科普这件事一直作为一项重要的工作,以自己的行动落实习近平总书记"科技创新、科学普及是实现创新发展的两翼,要把科学普及放在与科技创新同等重要的位置"的重要指示,不断默默地为祖国的未来耕耘、奉献!

《美丽长江》荣获科技部"全国优秀科普作品",很多孩子和家长的反馈热烈。这不,《灵秀珠江》也"出水"了,相信孩子们一定会喜欢。虽然我不是孩子,但是我已经"入江"了(现在很多人上瘾一件事都会说"入坑",我这里转变一下,也赶一下时髦),相信孩子一旦翻开就会爱不释手,恨不能一气读完! 我就不剧透了!

中国工程院院士

写在前面的话

说到我国的河流,许多人第一时间一定想到的是黄河和长江,因为黄河是母亲河,长江是我国最长的河流。接下来呢,北方人多半会想到黑龙江,南方人会想到珠江。是的,珠江和黑龙江差不多就是分居在我国南北两边的大河。从长度上看,在我国大江大河中,珠江排在第四名,但从水量看,珠江直接越过了黄河,紧随长江排第二名。需要补充的是,这里的水量有两层含义,第一是年径流量,第二是流量。无论是年径流量还是流量,珠江都是当之无愧的亚军。

这本书要介绍的,就是这个千年亚军——珠江。不过,珠江的名字却是从小河名变成大流域名的。无独有偶,北方的海河也是这样。最初的珠江只是位居广州市的那条小河的名字(名字的来历会在后面介绍),如同海河只是天津市内的那一段一样,或许因为名字实在太好了,当人们谈起这条河所在的流域时,就沿用了珠江和海河的名字分别去命名它们所在的流域了。因此,本书中的珠江指的是整个珠江流域,是西江、北江、东江和珠江三角洲诸河四个水系的总称,还包括了流域片的内容。

今天的珠江流域,因为它所支撑的很多城市的兴旺发达而更加引人注目。人们不会忘记深圳这个昔日的渔村变成大都市的历史,不会忘记粤港澳大湾区的蓬勃发展,不会忘记两广和云贵高原日新月异的变化……灵动的珠江滋养了这里善于求索、敢为天下先的人们和他们创造的奇迹……来,让我们来一趟"说走就走"的珠江之旅吧!

目录

序

写在前面的话

第一章　灵秀珠江初展容 ································ 1

　第一节　灵动珠江 ································ 1

　　1. 何以得"珠"？ ································ 1

　　2. 频繁更名 ································ 2

　　3. 合合分分 ································ 6

　第二节　细说支流 ································ 6

　　1. 南、北盘江相对说 ································ 7

　　2. 红水河畔等柳江 ································ 7

　　3. 左、右两江成郁江 ································ 9

　　4. 桂浔汇流得西江 ································ 10

　　5. 迟归不晚说北江 ································ 10

　　6. 三角洲里迎东江 ································ 12

　第三节　江外有江 ································ 13

　　1. 韩愈留名得韩江 ································ 13

　　2. 粤桂诸河东西南 ································ 13

3. 海南诸岛江与河 ·· 15

4. 出境入海话元江（红河） ·· 16

第二章 兴利除害话古今 ··· 17

第一节 不屈困境寻突破 ·· 17

1. 沧海变桑田——桑园围 ·· 18
2. 长江、珠江通水路——灵渠 ··· 19
3. 灌溉工程保民生——陂塘建设 ··· 21

第二节 兴利除害看今朝 ·· 22

1. 坝长敢比三峡——大广坝水库、长洲水利枢纽 ······················ 22
2. 最能盛水的水库——龙滩水库 ··· 23
3. 灌溉面积最大的水库——松涛水库 ··· 24
4. 装机容量最大的抽水蓄能电站——广州抽水蓄能电站 ··········· 25
5. 输水线路最长的调水工程——到底是哪个？ ·························· 26
6. 宽度最大的挡潮闸工程——莲阳桥闸、大洞口挡潮闸 ··········· 28

第三节 科技创造生产力 ·· 29

1. 大藤峡里有尖端 ·· 29
2. 东深供水赢殊荣 ·· 30
3. 百色枢纽有突破 ·· 31
4. 飞来峡枢纽勇创新 ·· 32
5. 水下筑坝在大隆 ·· 33

第三章 地貌、生态显特性 ··· 35

第一节 高原明珠连成串 ·· 36

1. 高海拔的阳宗海、杞麓湖 ··· 36
2. 近却不同的抚仙湖、星云湖 ··· 37

    3. 同在北回归线的异龙湖、长桥海、大屯海 ……………… 38

  第二节 岩溶地貌分利弊 ………………………………………… 40

    1. 奇峰、异洞引人入胜 ……………………………………… 41

    2. 不能不说的石漠化 ………………………………………… 43

  第三节 奇珍异宝在珠江 ………………………………………… 44

    1. 源头土著种类多 …………………………………………… 44

    2. 流域动植物资源种类多 …………………………………… 46

    3. 红树林功劳特别说 ………………………………………… 48

第四章 包容开放云水间 …………………………………………… 51

  第一节 本土文化水为魂 ………………………………………… 51

    1. "喊布"祭水、"无水不足"——壮族 ………………… 51

    2. 山上的水田——哈尼族 …………………………………… 53

    3. 水成为传统文化的重要符号之一——多民族 ………… 53

  第二节 中原影响水做媒 ………………………………………… 54

    1. "赢得江山都姓韩"——韩愈的贡献 ………………… 54

    2. "不辞长作岭南人"——苏轼的贡献 ………………… 56

    3. 破除迷信凿井为民——柳宗元的贡献 ………………… 57

    4. 桑基鱼塘创雏形——包拯的贡献 ……………………… 58

  第三节 对外交流水做舟 ………………………………………… 59

    1. 开通交流的渠道 …………………………………………… 60

    2. 人才在"水中"流动 ……………………………………… 60

    3. 交流在"水中"不断深入 ………………………………… 61

第五章 珠镶珠江 …………………………………………………… 63

  第一节 南盘江畔水润城 ………………………………………… 63

    1. 珠江源上第一城——曲靖 ……………………………… 63

  2. 湖泊更出名——玉溪 ························· 65

  3. "唯有此处峰成林"——兴义 ·················· 65

第二节 美不胜收西江中 ····························· 67

  1. "半城绿树半城楼"——南宁 ·················· 67

  2. "江流曲似九回肠"——柳州 ·················· 67

  3. "江作青罗带，山如碧玉簪"——桂林 ············ 69

  4. "苍梧白云远，烟水洞庭深"——梧州 ············ 69

第三节 北、东、韩江炫明珠 ·························· 70

  1. 南北要塞——韶关 ·························· 70

  2. 地跨"三江"——河源 ······················· 71

  3. 依山面海——惠州 ·························· 72

第四节 湾区城市水纽带 ····························· 74

  1. 春风十里五羊城——广州 ····················· 74

  2. 渔村变鹏城——深圳 ························ 75

  3. 东方之珠——香港 ·························· 76

  4. 莲花之境——澳门 ·························· 77

第五节 沿海、沿边世界殊 ··························· 78

  1. 三江入海——汕头 ·························· 78

  2. 三面环海——湛江 ·························· 79

  3. 三面环山——钦州 ·························· 81

  4. 三岛汇成——海口 ·························· 82

  5. 三组群岛——三沙 ·························· 82

  6. 三"厅"溶洞——蒙自 ······················· 83

结束语 ··· 85

参考文献 ······································· 86

后记 ·· 92

第一章
灵秀珠江初展容

"不用山僧导我前，自寻云外出山泉。千章古木临无地，百尺飞涛泻漏天。"这是大文豪苏轼描写的他所看见的那段珠江，水天一色，云蒸霞蔚，灵动秀美，仿佛一条大河从天而来。文学家笔下的珠江，如果用专业人士的眼光，或可以概括成降雨多、水量大、湿度大、水质好，水流过处生态多样、植被茂密……对，因为地处热带或亚热带区域，加之地形地貌复杂多变，或可称为生态类型极为丰富的流域。

第一节 灵动珠江

1. 何以得"珠"？

前面说到，最初的珠江仅仅是流经广州市白鹅潭到虎门的一条长约70千米的小河的名字。那么她又为什么取名为"珠"呢？

原来这条河上有一块巨大的礁石，名为海珠石。海珠石的名字源自一则传说。说南越王有一镇国之宝叫做"阳陵宝珠"，越王死后"阳陵宝珠"殉葬于墓。唐朝时一个名叫崔炜的书生，偶然救活了一条白蛇。为感激崔炜，白蛇带他神游越王墓，从越王墓中得到了这颗宝珠。

得到宝珠的消息不胫而走。一位波斯商人远涉而来，说波斯国王丢失了一颗如此模样的摩尼珠，遂付重金十万贯买走"阳陵宝珠"，并带着宝珠乘船回国。两岸山水如画，又获此至宝，心情大好，忍不住拿出宝珠欣赏。突然，狂风骤起，白浪翻滚，一道白光从他掌心冲天跃起，射入江中，钻进巨

石之下，原来是那宝珠不忍离开家乡，趁机潜入江中……从此，那块巨石无论潮涨潮落，入夜便闪闪发光，人们就把它称作"海珠石"。流经海珠石的这条河就称作"珠江"。

传说毕竟是传说，但那块被称为"海珠石"的礁石却因为经年累月的水浪拍打，光洁明亮，的确如一块明珠屹立江中。关于海珠石最早的文字记载可以追溯到明代一位名叫黄佐的诗人，他专门写了一首《雨后珠江登望》，第一句就是"珠江烟水碧濛濛"。

这就是那条小河名字的由来。可究竟为什么要借用这条小河的名字来命名整个流域已经无从考证。不管怎么说，进入20世纪以后，逐步形成珠江水系的概念，包括西江、北江、东江和珠江三角洲诸河被统称为珠江流域，总面积45.37万平方千米，涉及我国云南、贵州、广西、广东、湖南、江西6个省（自治区）（图1-1）。

不过本书介绍的范围还要大一些，即珠江流域片，包括珠江流域、韩江流域、澜沧江以东国际河流、粤桂沿海诸河、海南岛及南海各岛诸河，总面积65.43万平方千米，涉及云南、贵州、广西、广东、海南、福建、湖南和江西8个省（自治区）及香港、澳门特别行政区。

2. 频繁更名

知道了名字，接下来就要介绍模样了。大家肯定非常好奇，珠江和长江不是一样吗？源头都有好几支，支流都有好几条，最后也都汇入一条长长的干流中。

珠江和长江有相同的地方，也有不同的地方。

先说源头。长江的源头是三源中经过科学考证，最后确定了其中的当曲为正源。珠江的源头历史上也曾有过不同的意见，但是经过水利部珠江水利委员会组织的多次考察，最终确定云南省曲靖市境内的马雄山东麓的双层石灰岩"水洞"为珠江主源。出水口处海拔2145米。1985年8月17日，水利部珠江水利委员会和云南省曲靖地区行政署在此立石并题《珠江源碑记》（图1-2）。现在，那里已经是风景名胜区。

第一章 灵秀珠江初展容

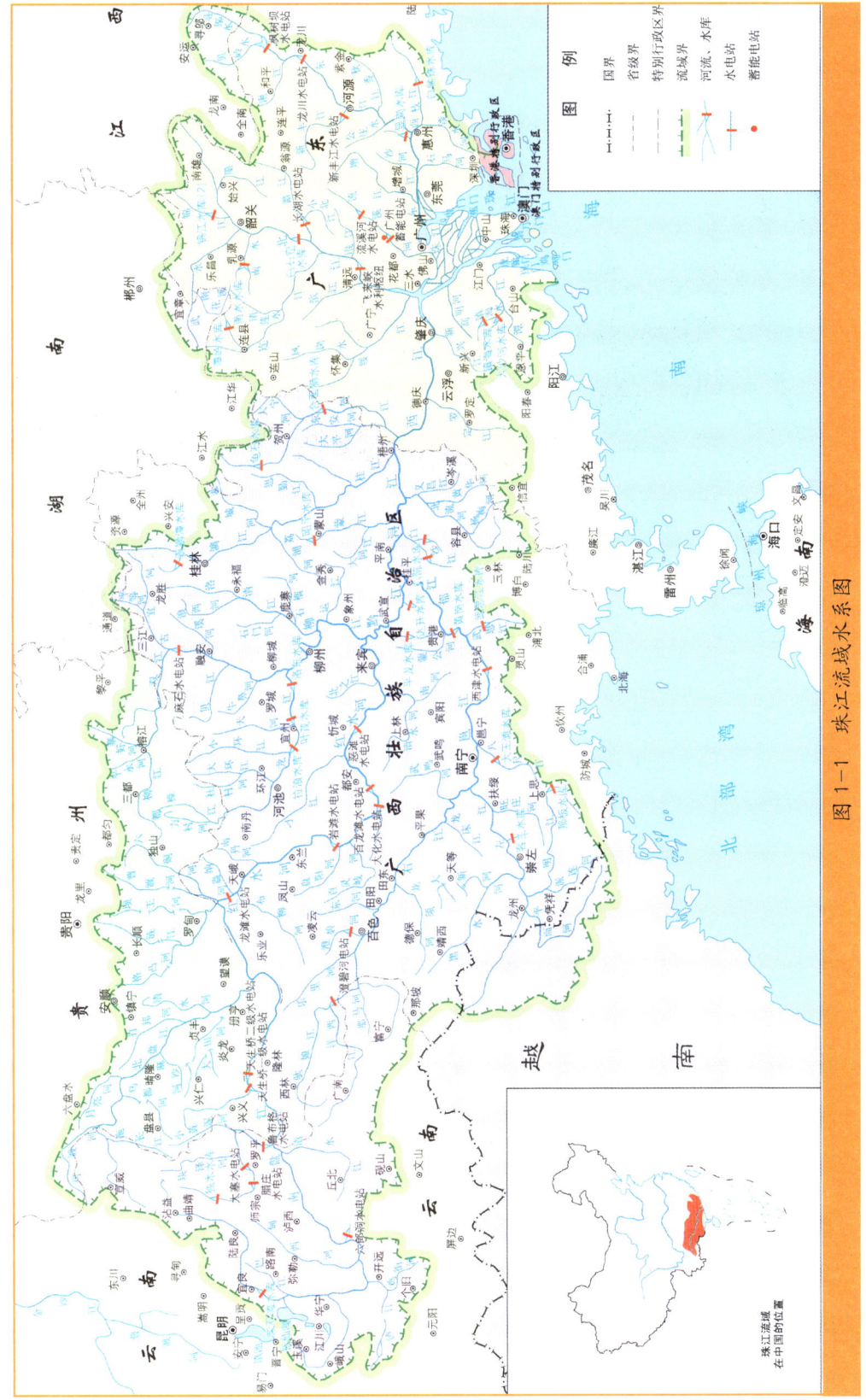

图1-1 珠江流域水系图

图 1-2 珠江源

再说干流，珠江源水从此出发，开始了她从源头到入海口长达 2214 千米的长途跋涉。如果仔细比较一下地图，就会发现，珠江和长江在图上的标识是不一样的。很容易就可以在地图上找到"长江"这两个字，从而确认那条长长的弯弯曲曲的从西到东的蓝线就是长江干流；而在珠江流域，最长的那条蓝线上标注的却是"西江"，而且再向源头去，还有了不同的名字！这就是长江和珠江不同的地方，也就是说珠江流域真正的干流是西江（图 1-3），且从源头到河口，这条干流在不同的地方有不同的名字。从源头出来后叫南盘江，当支流北盘江在贵州省的望谟县汇入南盘江后，因流经红色砂贝岩层，河水浑浊，就改叫红水河，河水继续向下流经广西的象州县接纳了支流柳江

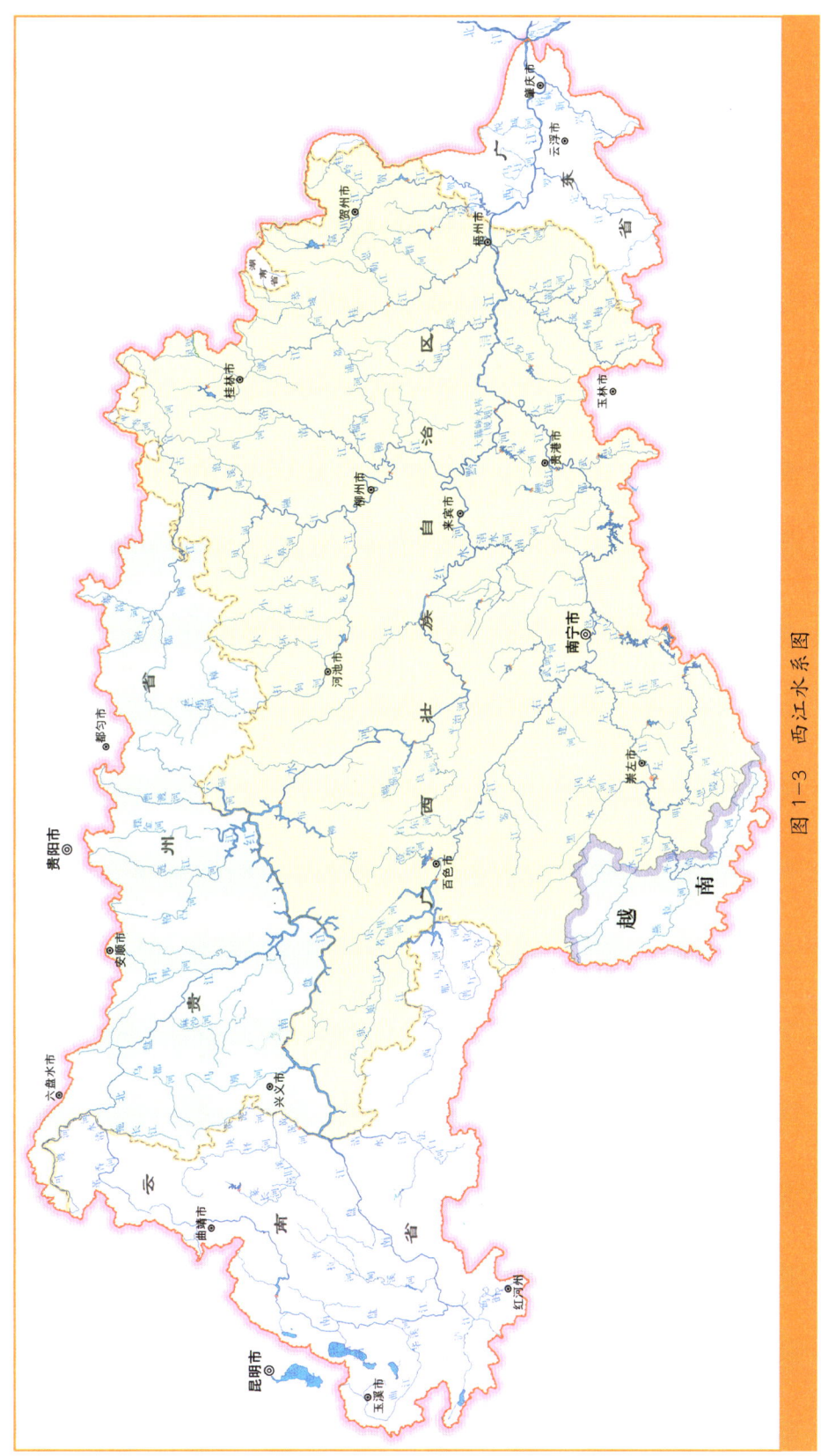

图1-3 西江水系图

后又更名为黔江，之后流到广西的桂平县接纳了支流郁江再次改名为浔江，到梧州接纳了支流桂江后又称西江，到了广东后在封开县和贺江汇合，在三角洲区域与北江相会，最后进入南海。

相信大家一定也发现了，这条干流每汇入一条比较大的支流就改了一个称呼。从上到下，直接流入到干流的重要支流就有北盘江、柳江、郁江、桂江、贺江等，这些支流之后会逐一介绍。

3. 合合分分

最有意思的是河口段（按照一般河流的概念）——三角洲（河网）区域，珠江三角洲的确是一个非常特殊的区域，人们常用"三江汇集、八口分流"来形容珠江三角洲水网和河流的入海方式。"三江"指的就是西江、北江和东江，"八口"就是人们常说的珠江三角洲的8条入海水道，俗称八大口门，它们分别为：东边的虎门、蕉门、洪奇门、横门，西边的磨刀门、鸡啼门、虎跳门和崖门。

仔细看看东江尾闾，东江水最后进入的是一大片河网区域，严格意义上她并没有与西江下游有河床与河床的直接联系，但是通过三角洲发达的水网，来自不同河流的水却在这片水网中相互"见面"了，汇合了，最后又通过八个口门入海了。人们说不清楚的是，经过了哪个口门流走了多少哪条河里的水。

由此可见珠江三角洲水网之发达程度，据不完全统计，西江和北江三角洲的主要水道有近百条，东江三角洲的主要水道有5条，它们互连互通，每年流入三角洲的水量约3067亿立方米，密布的水网和丰富的水量，共同成就了三角洲区域的兴旺发达。

第二节 细说支流

从干流到支流，珠江大部分的名字都称为江而不是河，当然也有例外，比如说红水河。对于珠江的干流，相信大家都有了大概的了解，现在我们再去她的主要支流"走一走，看一看"。

1. 南、北盘江相对说

前面介绍了，出源头后的干流叫做南盘江，汇入的第一条比较大的支流就叫做北盘江。听名字似乎有点像兄弟俩。是的，它们的确是两个源头支流，只不过北盘江的长度大约是南盘江一半，流域面积也差不多是南盘江的一半（表1–1）。所以当初这"哥俩"一比，按照"唯远为源、流水不断"等原则，南盘江胜出。北盘江就只能作为支流了。

表1-1 南盘江、北盘江基本情况比较表

河流名称	河长/千米	流域面积/平方千米	多年平均流量/（立方米/秒）	天然落差/米	比降/‰
南盘江	914	56809	521	1414	1.74
北盘江	449	26557	390	1985	4.42

它们也有相似之处，比如它们都发源于马雄山，正源南盘江发源于马雄山东麓，北盘江则发源于北麓。都有相当长的高落差峡谷段，北盘江比南盘江的落差更大一些。它们也都有很多支流汇入，有的支流水量还很大。

南盘江、北盘江具有非常好的水电开发条件。天生桥两级水电站、岩滩水电站等就坐落在北盘江上。

明代徐霞客的《盘江考》应是第一本记录了南盘江、北盘江名字的书。在那本书中，不但记录了南盘江、北盘江，还记录了左江、右江。徐霞客也断定珠江的主源在西江。

2. 红水河畔等柳江

南盘江、北盘江在贵州省望谟县蔗香乡汇合后，改称红水河的珠江干流就进入了广西。全长659千米的红水河在广西"十万大山"区域兜兜转转经过了10个县，所经之处依然以山地为主，自然落差依然很大，因此这里被誉为广西水电资源的"富矿"，龙滩水电站就坐落在红水河上。

虽然水色并不像河名那样，但是河床的颜色还是非常好看的红色。险滩、湍流、瀑布，一路蹦蹦跳跳的河水或许是在兴奋地等待着与新朋友——柳江的汇合。

柳江是西江第二大支流，和珠江干流一样，也有换名字的"嗜好"。因为跨黔、桂、湘三省（自治区），上游从贵州到广西称都柳江，中游有古宜河汇入后称融江，下游有龙江汇入后才叫柳江。柳江在广西的三江口与红水河交汇后，干流就改叫黔江了。

柳江（图1-4）很长、水量很大，干流全长751千米，多年平均年径流量达1865立方米/秒，落差1297米，平均比降为1.7‰。

图 1-4　柳江水系图

如果有机会可以去看看柳江的源头，听名字就很有意思，叫做九十九个滩，在贵州省独山县尧梭乡里腊村；再推荐你去柳州市，坐坐柳江上的公交船。柳江在柳州市绕了一个弯，古称"三江四合，抱城壶"，所以柳州又名"壶城"（图1-5）。乘公交船既可以代步，还可以饱览城市风光，我们可以观赏柳江上汇入的一个个小瀑布，感受柳江柳州段清澈沁人的河水。因为上游植被丰茂，柳江一直是含沙量非常低的河流。

图 1-5　壶城柳州

3. 左、右两江成郁江

北方同学可能听到更多的是左江，或者左江、右江，因为党史中介绍了左、右江地区的革命史，至今这里还保留着百色起义旧址等红色记忆。左、右两江是郁江的南北两个重要的源流。其中北源右江是正源，全长 707 千米，发源于云南省广南县的九龙山；左江则是它最大的支流。但左江的源头在的枯隆山，在越南境内叫奇穷河，在广西凭祥市进入我国境内。

和柳江一样，郁江也是一路"改名换姓"。右江在源头九龙山叫做达良河，流入广西境内后叫做驮 [tuó] 娘江，与支流西洋江汇合后叫做剥隘 [ài] 河，到了百色市与澄碧河汇合后才叫右江，到了南宁和左江"握手"、与邕 [yōng] 江汇合后称作郁江。因为其非常丰富的水力资源，江上已经建成了百色水利枢纽、澄碧河和大王滩等多座水库。

别忘了还有一支——左江。源头越南奇穷河到我国后，称为平而河，与水口河汇合后始称左江，之后不断有明江、黑水河、汪庄河等支流汇入。左江全长 591 千米，多年平均年径流量为 205.4 亿立方米。

郁江全长 1157 千米，多年平均年径流量为 479 亿立方米。郁江和黔江一见面，干流的名字就变成浔江了。所以人们常把郁江作为黔江止、浔江始的节点。

4. 桂浔汇流得西江

说桂江可能没有多少人清楚，但如果说漓江，大家马上恍然大悟，啊，原来是"桂林山水甲天下"那里呀。对，那就是桂江中游约83千米长的河段的统称。桂江发源于广西第一高峰——猫儿山，上游称大溶江，与灵渠汇合后称漓江，与恭城河汇合后称桂江，在梧州市与浔江汇合后，遂称西江。

桂江干流全长450千米，流域面积18729平方千米。虽然人们乘船游览的那段漓江只有不足100千米，但是几乎全世界去过那里的人都赞誉其"百里漓江、百里画廊"，山青、水秀、洞美、石奇，每每流连忘返，意犹未尽。如果你还没有去过那里，一定找机会去看看！

桂江、浔江汇合后不久，西江还有一条支流汇入，那就是贺江，全长352千米。贺江发源于广西富川县的蛮子岭，上游统称富川江，进入钟山县和贺州市后称临江，与大宁河汇合后称贺江。

西江千呼万唤始出来。那么西江最下游到底截止到哪里呢？至少有两个节点可以考量，第一就是到出海口比如磨刀门，第二就是思贤滘[jiào]。之所以有这样的想法，正是因为前面我们所说的珠江流域的三角洲区域非常特殊，它并非一条大河或者一条大河尾闾中有很清晰的几条支叉直接入海，而是进入非常大的一片水网区域后再分八口出海。所以接下来要介绍的北江和东江，专业人士常常这样说：珠江水系中的北江和东江。

5. 迟归不晚说北江

如果你已经走到思贤滘，一定会很吃惊，西江马上进入河网区域了，又有一条大河匆匆赶来。差一点与西江失之交臂。那条迟归的大河就是北江。

这一次我们从下游向上游溯河而上看北江。发现她换名字的频率不高，以韶关为节点，以上称浈江、以下与武水汇合后叫做北江。北江从源头到思贤滘468千米。流域面积46710平方千米。

无论是上游的浈江还是中下游的北江，都有不少支流汇入，比如上游的墨江、锦江和武江，中下游的南水、翁[wēng]江、连江、潖[pá]江、滨江、

绥 [suí] 江（图 1-6）。

　　北江发源于江西省赣州市信丰县油山镇大茅山山坳，源头或许不出名，但是它流经的梅岭却很有名。不知道你一听梅岭，会想到什么，是陈毅元帅的《梅岭三章》，还是统一六国的秦始皇。相传秦始皇为加强对岭南的控制，在梅岭设置关卡称梅关，成为历代沟通中原与岭南的五条交通要道之一。

图 1-6　北江水系图

6. 三角洲里迎东江

看看珠江三角洲的地图（图1-7），那条离西江最远但是最终也进入三角洲水网区域的大河就是东江。虽然未能真正地进入西江河道，但是谁能说它的水和西江、北江的水没有汇合呢？

今天，因为承担着向香港供水的任务，东江被大家熟知。时间再往前推，

图1-7 珠江三角洲的范围和水系图

人们或因为新丰江水库的建设而知道东江，这座水库的大坝是世界上第一座经受过 6 级地震考验的超百米高混凝土坝。除了新丰江水库，另外两座大型水库——枫树坝、白盆珠也位于东江流域。

东江也发源于江西省，不过不是信丰县，而是寻乌县的桠 [yā] 髻 [jì] 钵 [bō] 山。这座山是赣江与东江的分水岭，因此人们常说，登顶桠髻钵，"一脚踏三县（寻乌、会昌、安远），一眼望两江"。

东江河长 560 千米，多年平均年径流量为 261 亿立方米，流域面积为 27040 平方千米，主要支流有新丰江、西枝江、石马河等（图 1-8）。

第三节 江外有江

之前说到，本书介绍的范围为珠江流域片，因此，除了流域概念的西江、北江、东江水系外，在这一区域内还有很多独流入海的河流，和珠江流域并无天然水系联系，如韩江水系、粤桂沿海诸河和海南省以及南海各岛诸河水系等。

1. 韩愈留名得韩江

韩江涉及广东、福建、江西 3 省，古称员水、鳄溪。据记载，韩愈被贬潮州，而韩江古时常有鳄鱼出没，知道这里的鳄鱼常常伤人，遂写祭鳄鱼文。传说韩愈因解除鳄鱼之患而受到潮州百姓的爱戴，百姓遂将鳄溪改称韩江。

韩江上游有两个源头——梅江和汀江。南源梅江发源于广东省汕尾市陆河县与河源市紫金县交界的乌凸山七星嶂 [dòng]，北源汀江发源于福建省武夷山南段宁化县木马山北坡。两源在广东省大埔县三河坝汇合，到潮州市的湘子桥再分北溪、东溪和西溪，分别注入三角洲河网区，分 5 个口门注入南海。

韩江长 486 千米，流域面积 30112 平方千米，多年平均年径流量为 263 亿立方米。

2. 粤桂诸河东西南

粤桂沿海诸河流域面积在 1000 平方千米以上的河流还不少。它们按照所处的地理位置，人们常把它们分为三组。

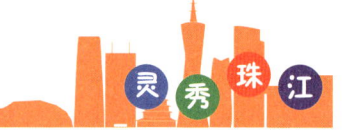

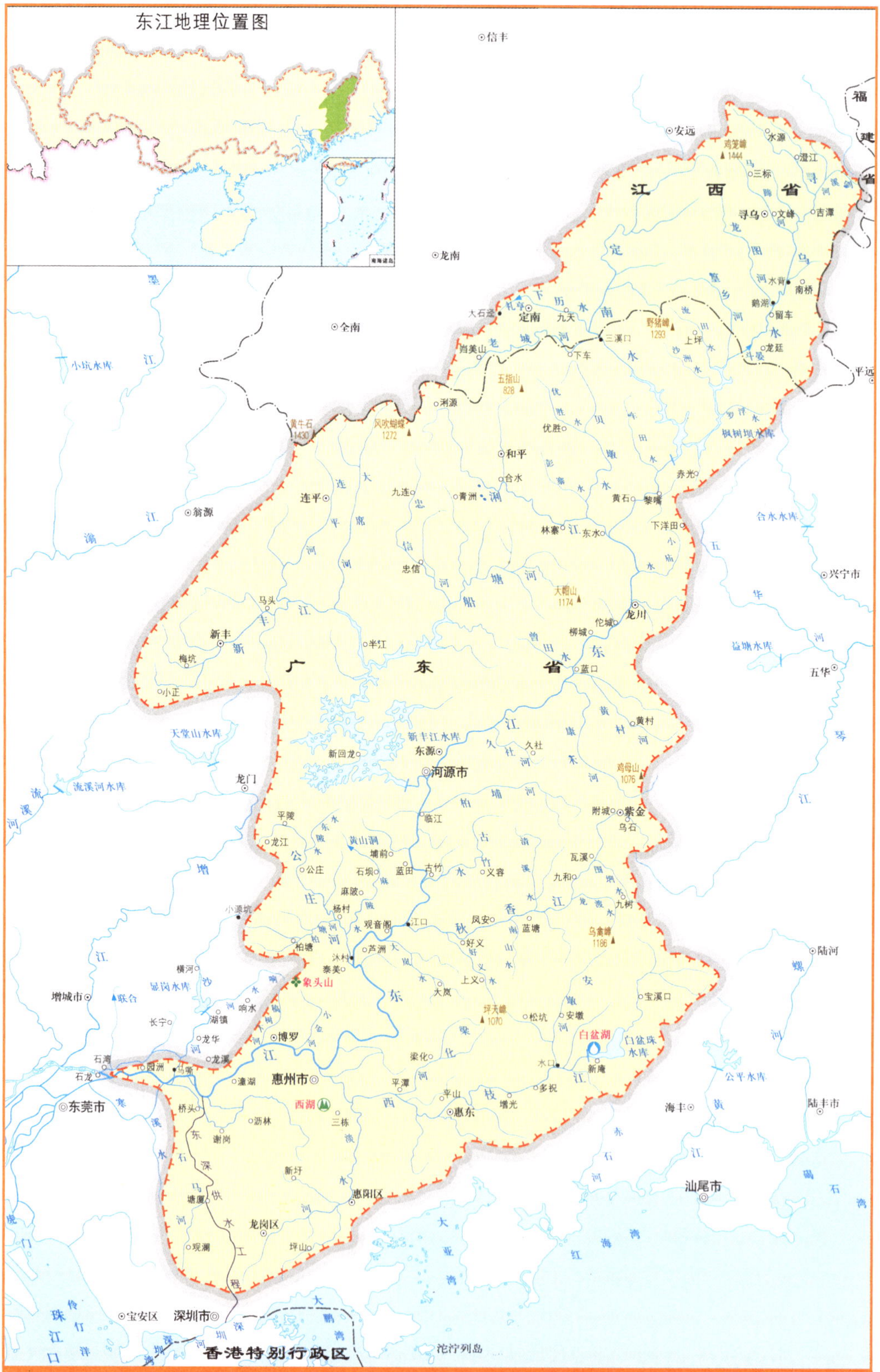
东江地理位置图
南海诸岛
信丰
安远
福
建
省
江西省
鸡笼嶂
1444
水源
澄江
三标
寻乌
文峰
吉潭
定南
龙南
全南
大石堡
九天
三溪口
野猪嶂
1293
上坪
南桥
鹅湖
留车
龙廷
下车
岿美山
五指山
828
平远
黄牛石
1430
风吹蛐蝶
1272
利源
优胜
和平
合水
枫树坝水库
赤光
连平
九连
青洲
黄石
黎咀
翁源
林寨
东水
下洋田
合水水库
兴宁市
忠信
大桐山
1174
马头
新丰
半江
梅坑
佗城
龙川
椰城
广东省
蓝口
益塘水库
五华
小正
天堂山水库
新丰江水库
新回龙
东源
久社
黄村
鸡母山
1076
河源市
龙门
流溪河水库
平陵
临江
附城
紫金
乌石
龙江
公庄
黄山洞
埔前
石坝
蓝田
古竹
义容
瓦溪
九和
麻陂
杨村
小源坑
观音阁
江口
凤安
蓝塘
九树
乌禽嶂
1186
柏塘
沐村
泰美
芦洲
好义
陆河
横河
象头山
上义
大岚
宝溪口
增城市
联合
显岗水库
响水
湖镇
长宁
坪天嶂
1070
松坑
安墩
龙华
博罗
白盆湖
白盆珠水库
石湾
石龙
园洲
马嘶
龙溪
梁化
水口
新庵
公平水库
潼湖
惠州市
平潭
多祝
东莞市
桥头
西湖
三栋
惠东
增光
海丰
陆丰市
沥林
谢岗
新圩
汕尾市
塘厦
惠阳区
龙岗区
观澜
坪山
宝安区
深圳市
珠江口
伶仃洋
大亚湾
红海湾
大鹏湾
深圳湾
沱泞列岛
香港特别行政区
东江
西枝江
东深供水工程
图 1-8　东江水系图

第一组叫做粤东沿海诸河，是指黄冈河及韩江流域以西、东江流域以南、大亚湾以东广东省大陆部分单独入海的河流，包括黄冈河、榕江、练江、螺河和黄江等，流域面积 1.53 万平方千米。河流的特点是源短坡陡，发生洪水时洪峰流量较大，易发洪涝和风暴潮灾害。

第二组叫做粤西沿海诸河，是指珠江口以西至雷州半岛广东省大陆部分单独入海的河流，包括漠阳江、鉴江、九洲江、遂溪河、南渡河、青年运河等。主要位于广东的湛江、茂名、阳江一带。

第三组叫做桂南沿海诸河，包括南流江、钦江、大风江、茅岭江、北仑河等，主要指广西壮族自治区南部独流入海的河流。其中北仑河是一条比较特殊的河流，它是我国和越南的国际界河，发源于广西壮族自治区防城港市。上游段由平行的两支组成，位于十万大山山区，两支流汇合后始称北仑河。其中的支流南、北仑河，大部分河段及干流下游段为中越界河。

3. 海南诸岛江与河

海南省除了海南岛，还包括西沙群岛、中沙群岛、南沙群岛等岛礁及其海域。岛屿上也有很多河流。一般都是从岛的中部区域发源，向四周分流入海，构成放射状的海岛水系，比较大的河流有南渡江、昌化江、万泉河。

南渡江是海南岛第一大河，发源于海南省白沙县南峰山，长 333.8 千米，流域面积 7033 平方千米，整个流域像一片细长的羽毛。松涛水库就是南渡江干流上的一座大型水库，被誉为"宝岛明珠"。

昌化江是海南岛上的第二大河，发源于海南省琼中县的空示岭，横贯海南岛的中西部。干流全长 231.6 千米，流域面积 5150 平方千米，建有大广坝水库、石碌水库等。在其支流文澜河畔，有解放海南纪念塑像和海南省规模最大、历史最久的大型古建筑群。

万泉河是排在海南岛上第三位的河流，发源于海南省琼中县五指山风门岭，在琼海市的博鳌港注入南海。流域面积 3693 平方千米，河长 170 千米。万泉河原名多河。相传 1324 年，被放逐于此的元武宗皇帝的太子奉召回京时，送行的人们齐呼"太子万全"，太子登基后为报当年之恩，于 1329 年发布

诏书将多河改名万泉河，以报百姓"万全"相送之情。

4. 出境入海话元江（红河）

元江发源于我国云南省大理白族自治州哀牢山东麓，流经红河哈尼族彝族自治州红河县，于河口县流入越南。元江水系还有很多支流，不过有一部分支流是出了国境后才汇入元江（红河）的，比如李仙江、藤条江、盘龙河、南利河。元江最后流入太平洋的北部湾。

元江在国内和国外的称呼也不一样，在我国境内称元江，到了越南称红河。

因为地处亚热带高原季风气候区，元江上中游为干热河谷少雨，南部边境多雨，降水量几乎是北部的 3 倍。

元江—红河全长 1006 千米，其中中国境内 692 千米。

此时，关于珠江，你一定有了一个大概的轮廓，"在山的那边，在海的那边"，有数条大大小小的河流，它们或者通过珠江口，或者经过北部湾，或者直接从海南诸岛流入了南海、太平洋，它们没有长江那样一支独大，却各领风骚，形成了独特的珠江风土人情、人文地理，支撑了那里的经济社会蓬勃发展！

初露真容的珠江，等待着你的继续探寻。来吧，让我们看看那里的人们是怎样与水相伴、与水共生的吧！

1. 珠江和长江有什么不一样吗？
2. 珠江流域和珠江流域片区别在哪里？

第二章
兴利除害话古今

人们总是用"兴利除害"来描述治水，兴什么利？除什么害？需要先做个说明。水能够带来的利包括且不限于：饮用、灌溉、航运、发电，等等。但是，这些"利"需要通过工程建设才能够实现。比如饮用，至少要建一个能够把水引到需要饮用的地方的输水工程；此外，为了保证常年都能够引到水，还需要建设一个水库，来弥补四季天然来水不均衡的不足；其他需要发挥水利的地方也需要相应的工程。

那么水有哪些害呢？最大的自然水害是洪水，因为暴雨等天然降雨使河槽盛不下突然增加的来水量，这些水就会溢出河道淹没土地、房屋，也可能其流速非常快，冲毁房屋建筑、造成滑坡、泥石流，等等。这就需要我们加高河堤、修建防洪工程等；如果降雨太少，也会带来干旱的问题。要兴水利、避水害，就需要建设相应的工程。

珠江流域和全国许多地方一样，虽然古代也有著名的水利工程，但是真正大规模开发利用水资源、兴利除害，还是在新中国成立之后。今天珠江流域片经济社会的繁荣发展，一个最重要的保障来自于水利事业的跨越式发展。

第一节 不屈困境寻突破

还记得苏轼那首诗吧？还记得韩江如何得名的吗？历史上，到过岭南的名家还有不少，柳宗元、刘禹锡、寇准、秦观、汤显祖、王昌龄等，他们去岭南并非旅游，而是被贬谪或者流放到那里的。可想而知，岭南那时的生活环境，人们常用"蛮夷""烟瘴"来形容其恶劣环境。那时，生活在那里的

百姓同样疾苦。但是苦也要生活下去，人们想了很多办法去解决吃水、用水和防灾问题。

1. 沧海变桑田——桑园围

三角洲区域的平均海拔只有0～10米不等。唐代以后，广州成为南方海上交通的中心，经济有了一定的发展，农业生产需要得到一定的保障。农民慢慢地开始从为避"潦水岁为患，民依高阜而居"的"垌田"种植，向"潮田"进发，所谓"潮田"就是那些海拔很低的河网区域，那里经常受到风暴潮的影响而无法保证种下去一定有收获。为了保证"潮田"有收入，"桑园围"从"私基"开始慢慢发展起来了。

所谓"私基"，就是在"潮田"的四周由田主人自己建设一些矮小分散的土堤。之后，经过宋代的"诏民实广"解决岭南"乏食"问题，加之三角洲逐渐出现大量可开发成耕地的区域，堤防建设有了较大的发展，特别是当时的官府规定：为官地方三年内，没有发生堤防"损湮[yān]塞"的才能提拔，围堤建设逐步从"私基"变成了由官府出资建设的"官修"水利工程。在技术上，围堤工程还充分利用天然丘陵台地，根据水文特点和西高东低的地形特点，将堤段修成开口围的形式，为堤内清淤、排涝、灌溉和水运提供便利。桑园围也从最早的土围慢慢变成了石围、直到后来使用了水泥等。其中明代的黄岐山是第一个提出并组织大家用石砌方式建造围堤的人，为围堤的发展做出了贡献。为了纪念他的贡献，人们将过去称作"鸡公围"的那片围改称"黄公围"。

随着出口贸易的发展，丝绸成为主要贸易物品，明中期后，人们逐步将桑园围发展成为桑基鱼塘。"塘以养鱼、堤以种桑"，桑基鱼塘有了飞跃式发展。今天，如果你站在广东佛山的锦屏山上，依然还可以看到桑园围的景象（图2-1）。如果你走进三角洲区域，可以发现很多河涌[chōng]上留下的古代水利基础工程遗迹。

据统计，珠江三角洲宋朝兴建的堤围有28处，总堤长66000多丈（约合220千米），保护农田面积约24000公顷，著名的有桑园围、长利围、赤顶围、香鹅围、金西围等；位于东莞的福隆堤始建于1087年（北宋元祐二年），全长12000余丈（约合40千米），保护东莞93乡居民和约21000公顷耕地，等等。

图2-1 远眺桑园围 （摄影：石秋池）

2. 长江、珠江通水路——灵渠

从古至今，水路都是非常重要的运输大通道之一。但是没有水路又怎么办？公元前219年，秦始皇为统一中国，派史禄组织人力在广西兴安境内的湘江与漓江之间修建一条人工运河。大家知道，湘江是长江流域的一条支流，而漓江是珠江流域的一条支流（前面大家已经了解了，它是桂江的其中一段）。之所以分属两个流域，一定有分水岭。因此要连接这两条河，就要开凿分水岭。而现在灵渠所在的位置，恰好避开了大山，也就是说在这里修建一条人工运河的客观条件最佳。

虽然如此，工程依然需要想很多办法让较低的湘江水流入珠江，同时还不能因为洪水来时造成珠江的灾害。和都江堰的鱼嘴作用一样，人们在湘江上游的海洋河上修建了一个锥形坝，将河水分流，人们称这个锥形坝为"铧嘴"，对，就是犁地用的犁铧的铧，但这个铧嘴并不是平分水量，它将湘江源头支流的海洋河的三分水分入漓江上游的清水河，七分水经过新修建的北渠后再重新回到湘江，但是海洋河（湘江）的水位低于清水河（漓江），人

们就在铧嘴后面修建了人字形的坝,往清水河(南渠)那边的坝叫做小天平坝,往湘江那边的叫做大天平。从空中俯瞰,铧嘴、大小天平坝正好组成了"人"字形(图2-2中右手方向为大天平,左手方向为小天平)。

图2-2 灵渠渠首俯瞰:铧嘴、大、小天平坝

从水利工程建设的角度看,灵渠之所以伟大,不仅因为它沟通了长江、珠江水路,建设了那时应该算是大型的水利工程,更重要的是,其设计思路和工程技术直到今天都很先进。比如,三七分水的锥形坝设计;还有大、小天平坝的壅水高度,既要保证湘江水能够壅高到确能流到漓江,又能够保证洪水来时更多的水回到湘江老河道,保证漓江下游防洪安全。灵渠还采用建设弯道减缓坡度,建设陡门和堰坝控制用水,以此增加通航水深;建设侧向溢流堰分泄洪水,保障安全等,确实按照千秋万代的理念来设计建造工程(图2-3)。

先人的理想应该是实现了,这个大约历时4年多修建的水利工程在公元前214年建成了。经过后面历代人的不断修缮,直到今天这项工程依然在发挥着作用,不过它的用途已经发生了改变,现在它主要用于灌溉。2018年,灵渠成功列入世界灌溉工程遗产名录(第五批)。

图2-3 灵渠连接了珠江流域的漓江(上游大溶江清水河)和长江流域的湘江(上游海洋河)

想象一下吧,这是公元前建设的工程,差不多都是手工操作,没有自动化,没有GPS,没有橡胶做的车轮。这就是华夏祖先的智慧和精神。顺便说一句,灵渠修通的当年,秦始皇便统一了岭南地区。人们常常将灵渠、郑国渠和都江堰并誉为秦代三大水利工程。

这样的运河开凿，在珠江流域还有很多。公元692年（唐长寿元年）连接漓江与柳江的人工运河相思埭[dài]，主要用于航运；公元1394年（明洪武二十七年）开凿南流江与北流江之间长约10千米的运河，打开了珠江直通北部湾的航运；公元1674年前后（清康熙年间）又开凿的新宁县（今台山县）潭江通海水道约15千米，开通高州（今茂名市）鉴江北通西江支流的水道等。读者朋友们如果有兴趣的话，可以去实地看一看。

3. 灌溉工程保民生——陂塘建设

陂[bēi]塘是一种蓄水灌溉工程，也是我国古代重要的灌溉模式。陂塘一般是在原有的沼泽或低洼地经人工围建而成，一般在山丘区兴建的较多。它的主要目的是蓄水灌溉，兼有防洪养殖功能。西汉后期开始，全国各地修建了许多陂塘工程，这对农业生产的发展起到了一定的促进作用。

珠江流域虽然平均降水量比华北地区大，但是依然有干旱的问题，或者在庄稼需要水的时候没有雨，因此要提高粮食产量，灌溉是非常重要的措施。明清时期，珠江流域的灌溉工程建设兴起，如那时在西江上中游山丘区开发了大量陂塘和泉水灌田。

据《明嘉庆一统志》记载，当时的肇庆府共有水塘27座，其中灌溉面积在100顷（约合667公顷）以上的有6座；桂林府有塘堰17座，其中南北两堰灌溉面积有2000多顷（约合13333公顷），大型的如明代阳朔县神陂灌田千顷（约合6667公顷）以上。

很多镇守边关的将士也为治水做出了贡献。镇守云南的沐英就是其中之一。为了保障镇守边关将士的粮食供给，他考察了引阳宗海水（阳宗海是云南九大高原湖泊之一，位于昆明市）的沟渠，发现它们"广不盈尺，注流弗远"，于是在1396年（明洪武二十九年）冬天，调拨士卒，用一个多月时间，人工开凿出一条"袤三十六里，阔丈有二尺，深称之"的水渠（约合15千米长、4米宽），就是今天人们所说的汤池渠。引阳宗海水灌溉宜良县农田。类似这样的建设还有文公渠，由临源检事道文衡主持修建。

在珠江流域，为抵御洪涝干旱等灾害，人们做出了许多努力，如古广州

城特殊的防洪体系、应对干旱的提水技术、应对干旱和水质欠佳而开凿的水井或利用竹筒引水，等等（图 2-4、图 2-5）。

虽然那时的人们付出了巨大的努力，但是水利建设的大发展还是在新中国成立之后。

图 2-4　古代各种提引水工具或设施

图 2-5　广州市越秀区出土的南越国木构水闸遗迹

第二节　兴利除害看今朝

新中国成立后，珠江流域片和全国一样，建设了许多大型水利工程，这些工程的建设，大多承担着多种功能，这些功能归纳起来，都是为了兴利除害。大家可以看看以下的这些工程到底兴了哪些利、除了哪些害。

1. 坝长敢比三峡——大广坝水库、长洲水利枢纽

建一座水库，主体工程是大坝，有了坝，才能蓄水、抬高水位、经人工调节泄放水量，这样，水才能被合理控制，让大坝起到防洪、供水、发电等作用，因此大坝建设非常重要。但建坝并不容易，因为坝是"站"在水里的，

要能够抵挡上游来水的巨大压力。根据地形、水流特点等，大坝还分类型，按照建筑材料可以分土石坝、混凝土坝等（表2-1）。

表2-1 按建筑材料分大坝的类型

土石坝			混凝土坝			橡胶坝
土坝	堆石坝	土石混合坝	重力坝	拱坝	支墩坝	

目前，我国的建坝技术已是世界一流。在长江流域成功建设了三峡水库、丹江口水库等许多大型水库，这些水库已成为"国之重器"。在珠江也包括在其他流域，还建有许多发挥着关键作用的水库。

既然三峡水库为大家所熟知，那么就拿三峡水库作为参照物，单纯比一比坝的长度。在珠江流域片，还有比三峡水库大坝（长2309米）还长的水库大坝——坝长为5242米的大广坝水利枢纽。不过，需要注意的是，大广坝水库的主坝是混凝土重力坝（长719米），和三峡水库大坝材料一样，但是副坝是土石坝（长5123米），主坝和副坝加在一起超过了三峡水库大坝的长度。大广坝水库在海南省的昌化江上，昌化江已在前面一章介绍过。大广坝水库的建设为当地提供了大量的灌溉用水，它还兼有防洪、发电功能。

除了大广坝水库，珠江流域还有一座大坝的长度也超过了三峡水库大坝，这就是位于西江干流浔江段下游梧州市郊的长洲水利枢纽的大坝（图2-6），总长3469.76米，也超过了三峡大坝。不但它的坝很长，而且发电机组台数多（每年可供电25.585亿千瓦时），是西电东送的重要电源点；仅单向过船能力就达1.36亿吨。

图2-6 长洲水利枢纽

2. 最能盛水的水库——龙滩水库

水库和水库相比，除了比大坝的长度，水库的容量也是重要的参数之一。

在珠江流域片已建的17000多座水库中，到目前为止，容量最大的当属西江干流红水河段的龙滩水库，设计总库容达273亿立方米，其中设计防洪库容70亿立方米，水库建成后，可以拦蓄每秒8500立方米的洪水，加上下游岩滩水库每秒可拦蓄1万立方米以上的洪水，这样可使下游的防洪能力提高到50年一遇。不过这座水库还在建设过程中。目前的一期工程已经完成，实现的总库容达到162亿立方米，其中防洪库容50亿立方米。

龙滩水库坝址在广西天峨县城上游约15千米，这项工程是2001年7月开工建设的，2009年一期工程建设完成。龙滩水库的主要作用是发电和防洪，装机容量630万千瓦，它也是"西电东送"的标志性工程。除了它的库容，它还有另外两个之最：一是最高碾压混凝土大坝，坝高为216.5米；二是提升最高的升船机，提升高度最高达179米，全长1700米（图2-7）。

图2-7 俯瞰龙滩水库

3. 灌溉面积最大的水库——松涛水库

从古到今，人们从修建小塘坝到小水库、大水库，一项重要的任务就是灌溉。绝大部分的水库，都肩负灌溉任务。也就是说，水库的功能不是单一的，但每个水库的主要任务，也就是优先保障功能的顺序略有不同。有的水库以防洪为主，发电调度要服从防洪调度需要；有的水库在供水的优先顺序上以城市供水为主；有的水库则以农业灌溉为主。一座水库能够灌溉的面积有多少，取决于水库的主体功能排序、容量和能够把水送到田里的渠道建设情况以及拟灌溉土地的面积。

建设在海南省南渡江上游的松涛水库（图2-8）是海南省第一大水库，也是目前珠江流域片中灌溉面积最大的水库，其设计灌溉面积为13.67万公顷。松涛水库于1970年年底建成，其主要功能是引南渡江的水解决海南岛北部4县1市灌溉缺水问题，还兼有防洪、供水、发电、通航等功能。松涛水库总库容33.45亿立方米，年平均供水量12.87亿立方米，灌溉渠道总长达302千米。它的建设使过去海南岛北部的旱灾问题得以基本解决。

图2-8　松涛水库

4. 装机容量最大的抽水蓄能电站——广州抽水蓄能电站

什么叫做抽水蓄能？简单的说就是利用水作为储能介质，通过电能与势能的相互转化，实现储存电能的过程。那么，怎么才能把电能储存起来呢？

从工程条件上看，至少需要两个有高差的水库，一个在上游，一个在下游。大家都知道，晚上的用电量要比白天的少，那么就利用晚上没有消耗完的电能（可以是水电、火电、核电或者风电等各种电能）将下游水库的水再抽回到上游水库中。在白天用电量大时，再将这些水从上游水库泄放，让其带动水轮机组发电。这个过程就相当于将电能储存起来了。

位于广州从化区吕田镇流溪河的广州抽水蓄能电站于2000年建成运行，它不仅是我国最大的抽水蓄能电站，也是世界第二大抽水蓄能电站，它还是大亚湾核电站的配套工程（图2-9），为保证大亚湾核电站的安全经济运行，满足广东电网填谷调峰的需要而兴建。广州抽水蓄能电站的上水库海拔900

米,下水库海拔270米,落差630米,总装机容量240万千瓦。

图2-9 广州抽水蓄能电站(上游水库)

5. 输水线路最长的调水工程——到底是哪个?

南水北调中线工程是我国目前已建最长的跨流域调水工程,总干渠长度有1432千米。在珠江流域片也有调水工程。如云南的滇中引水工程和环北部湾广东水资源配置工程等。这两条调水工程线路都不短,前者输水总干渠长664千米,后者211千米。你一定会说,很明显,滇中调水的线路更长呀。不过滇中调水工程是从长江流域的金沙江调水到珠江流域片,和南水北调工程一样是跨流域调水,其中在珠江流域内调水路线长158千米,如果单纯在流域范围内比,环北部湾广东水资源配置工程的调水路线全部都在珠江流域片范围内,长度超过了滇中调水。

滇中引水工程是我国西南地区规模最大的调水工程,主要为缓解云南滇中干旱地区城镇生产、生活用水矛盾,改善河道和湖泊水生态状况而建,它是云南省重要的水资源配置工程,直接受益人口就超过1000万人。这项工程90%以上的输水线路是隧洞,因此,施工难度非常大,因为它经过了很多非常难以处理的地质构造单元。

环北部湾广东水资源配置工程是从珠江流域西江干流取水,通过输水管线沿途向云浮、茂名、阳江、湛江等地供水(图2-10),输水线路总长约

550 千米，其中干线总长为 211 千米，工程设计年供水量约 16 亿立方米。上述两项工程目前都在建设过程中。

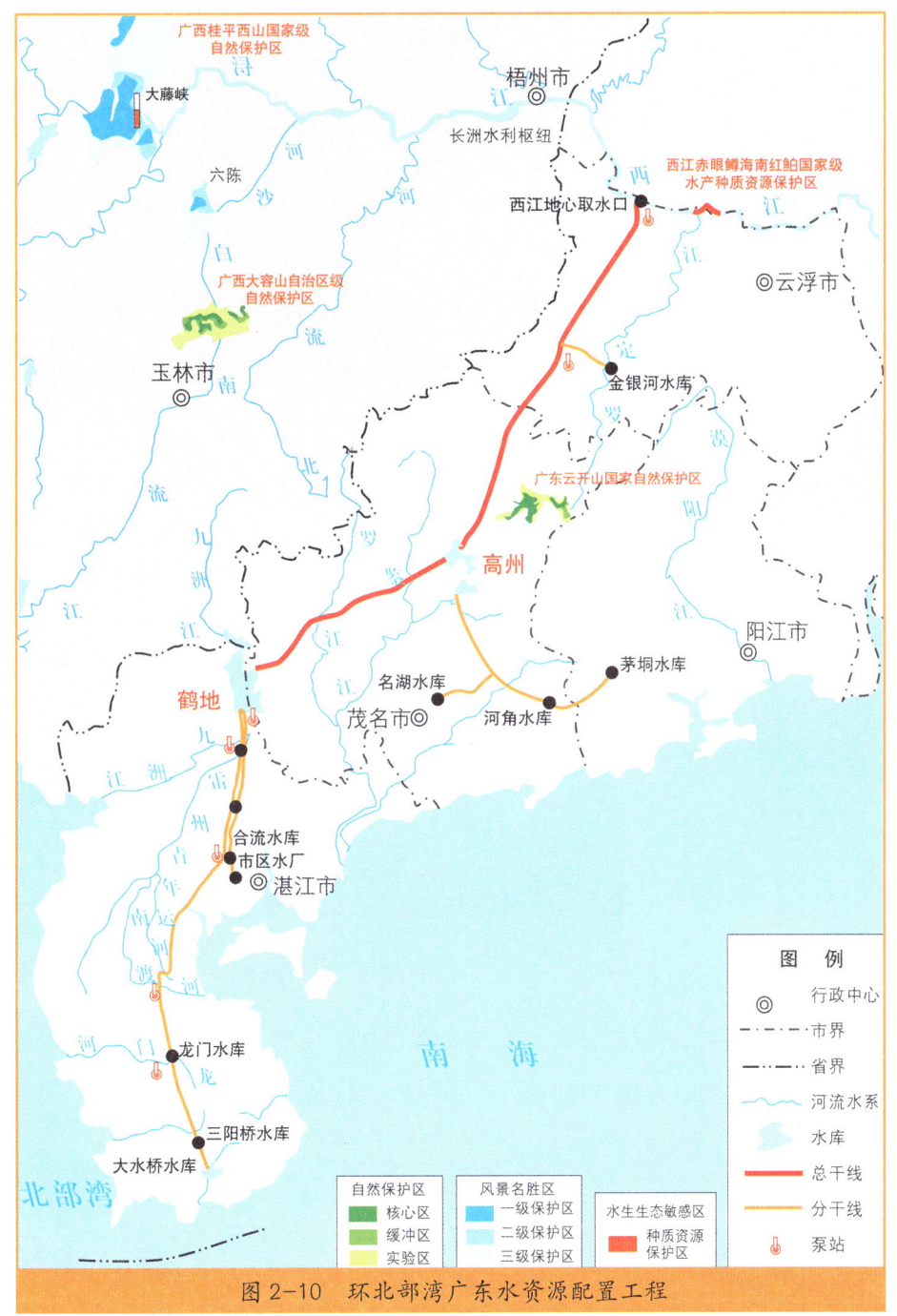

图 2-10 环北部湾广东水资源配置工程

6. 宽度最大的挡潮闸工程 —— 莲阳桥闸、大洞口挡潮闸

南海，是珠江水最终的归宿。珠江大大小小水系汇聚而来的江水自珠江三角洲流入南海。特殊的地理位置，使珠江三角洲区域台风暴潮多，平均每年要遭遇 4 次台风，台风事件加上天文潮，可能导致严重的风暴潮危害。此外，珠江流域受到潮汐作用影响，珠江三角洲河道上的取水口时常会有海水倒灌（咸潮入侵），影响水厂正常取水。为了防御风暴潮、抵御咸潮，减少灾害损失，人们在大部分的河流出海口都建设了水闸，这样的水闸一般称为挡潮闸。珠江流域片有 3300 多座这样的挡潮闸。

根据出海口地理位置以及水量等，挡潮闸有大有小，其中最大的单孔闸门为江门大洞口挡潮闸（图 2-11），单孔最大净宽 55 米。大洞口水闸是广东省五大重点围堤——江新联围下游的挡潮闸，属大（2）型水闸，通航建筑物按 1000 吨级设计，闸孔总净宽为 238 米，包括 8 个 16 米宽的泄水闸和两孔 55 米宽的通航孔，闸门还兼顾排涝、泄洪、通航功能。

图 2-11 大洞口挡潮闸（江门水利局区舵样提供）

如果算水闸全部过水宽度（总净宽），最大的挡潮闸为莲阳桥闸，总净宽 384 米。莲阳桥闸位于韩江汕头市澄海区，由拦河闸、交通桥、小水电站等部分组成，共有 32 个单孔净宽 12 米的拦河水闸。

从上面的介绍可以感受到，珠江流域片需要建设水利工程。这些工程要完成防洪，抵御风暴潮，灌溉，发电，提供工业、城市生活用水，航运保障等重要任务。经过 70 多年的努力，珠江水利工作者们已经累计建成江海堤防 2.7 万多千米，各类水库 1.7 万余座，各类水闸 1.1 万余座，主要江河防洪能力和城乡供水保障水平都大幅度提高。

但需要说明的是，并非工程修建得越大越好，而是要根据当地的水文状况、地理情况以及水量的需要及可能性，还要兼顾自然生态系统的需要。但是，建造大型以及复杂的水利工程，离不开科技的支撑。

第三节 科技创造生产力

1. 大藤峡里有尖端

大藤峡水利枢纽工程正在建设，为什么要建设这项工程呢？因为它是珠江流域防洪控制性枢纽工程。早在晚清，工程所在地的桂平人就有了大藤峡之梦，孙中山先生在他的《建国方略》中也提出了"改良西江"的宏伟设想。大藤峡水利枢纽，也是红水河梯级开发中的最后一级，大藤峡的建设还可以成就"西江亿吨黄金水道"，大大改善通航条件。因为有了科学技术的进步，大藤峡水库实现了三个重要之最。

一是世界最高的单级船闸，它位于广西最大最长的峡谷——大藤峡出口处。闸门的设计高度 47.5 米，宽 20.2 米，相当于 16 层楼的高度，单扇重 1295 吨，单扇门推力负荷为 7100 吨，相当于 200 个火车头的牵引力（图 2-12）。

二是安装了国内最大的轴流转桨式水轮发电机组。大藤峡工程安装了 8 台国内最大的轴流转桨式水轮发电机组，单机容量 20 万千瓦，转轮直径 10.4 米，推力负荷 3800 吨。

三是独特的双鱼道工程布置。右岸的工程鱼道和左岸的仿自然生态鱼道，满足红水河珍稀鱼类在不同蓄水位下洄游繁殖的过坝需求，在国内同类水利工程中罕见。

如果无法生产出直径超过 10 米的转轮，无法保证 16 层楼高的闸门能够抵御巨大的水的压力，无法实现其稳定的开合，就没有可能建造出这样的水利工程。

图 2-12　大藤峡水库的单级船闸

2. 东深供水赢殊荣

同样，为解决香港的缺水问题，经周恩来总理亲自批示的东江—深圳供水工程（简称"东深供水工程"）在建造过程中创造了工程设计和施工的 4 项世界"之最"：一是世界最大的现浇预应力混凝土 U 形薄壳渡槽（图 2-13）；二是世界直径（4.8 米）最大的现浇环形后张无黏结预应力混凝土地下埋管；三是同类型世界最大的液压式全调节立轴抽芯式混流泵；四是同类型世界最大规模的原水生物硝化处理净水工程。

这些专业名词读起来很费劲，因为里面包含了很多专业科学技术。如果将来有一天你也从事了这项工作，就更能够了解实现这些的不容易。

图 2-13　东深供水工程的渡槽

2003—2004年，东深供水工程获得了中国建设工程鲁班奖、中国詹天佑土木工程大奖、中国水利工程优质（大禹）奖、全国优秀水利水电工程勘测设计奖银奖、广东省科学技术奖特等奖等多项荣誉。

因为建设了东深供水工程，解决了香港缺水、断水问题，香港彻底告别了每4天供水一次，一次只供4小时的困境。经过4次扩建改造，现在东深供水工程的年供水能力由初期的0.68亿立方米提升为24.23亿立方米，输水系统也从天然河道升级为全封闭的专用管道，实现了输水系统与天然河道的彻底分离。

2021年4月21日，中共中央宣传部授予东深供水工程建设者群体"时代楷模"的光荣称号。

3. 百色枢纽有突破

右江上的百色水利枢纽（图2-14）是西部大开发十大标志性工程之一。它的主要功能是防洪，兼有发电、灌溉、航运、供水等功能。它的建设过程同样也实现了科学技术的新突破。

图2-14　百色水利枢纽泄洪

首先是在筑坝技术上，前面已经介绍过，有一类坝叫做混凝土重力坝，它的主要建筑材料就是混凝土。百色水利枢纽工程的坝高130米，需要混凝土量达210万立方米。工程师们大胆地尝试了全断面碾压混凝土坝技术，在坝高、混凝土土方量规模上实现了重大突破。

第二是在筑坝材料上，工程师们大规模创先使用了辉绿岩人工骨料，并取得了成功，为国家节约投资1778万元。这项技术的水平在当时已经达到国际先进水平。

第三在消能池设计上，在复杂地质条件、超百米高坝工程中采用了"表孔宽尾墩+中孔跌流+底流式消力池"这种新型联合消能工程技术。

2018年，百色水利枢纽工程荣获2017—2018年度中国水利工程优质（大禹）奖、中国詹天佑土木工程大奖。工程从竣工至今运行效果良好，实现了工程建设的各项效益。

4.飞来峡枢纽勇创新

位于广东省清远市的飞来峡水利枢纽（图2-15）是北江综合治理的关键工程。它的主要功能是防洪，兼有发电、航运、供水和改善生态环境的功能。它的坝高并不高，只有52.3米，主坝加上副坝的总长度为2952米，坝顶宽8米。

在建造和运行上，飞来峡水利枢纽也有自己的独特之处。

一是对土坝段的基础处理和坝体建设上，采用了"吹填砂振冲"筑坝新技术，这种技术既确保了土坝填筑质量，还避免了大范围开挖，使施工工期大大缩短，节约了投资。

图2-15 飞来峡水利枢纽鸟瞰

二是运行方式。飞来峡水利枢纽的运行采用的是低水头运行方式,这是国内首次以低水头河道型水库承担重大防洪任务的水利枢纽工程。它与北江大堤、潖江蓄滞洪区组成了完整的防洪体系。

该工程荣获了水利部优秀工程设计金质奖、水利部工程勘测银质奖、国家优秀工程设计金奖、国家优秀勘测银奖、中国水利工程优质(大禹)奖、中国建设工程鲁班奖等多项荣誉。

5. 水下筑坝在大隆

大隆水利枢纽位于海南省宁远河中下游,主要功能是防洪、供水、灌溉,兼有发电功能。这座大型水库在建设过程中发明了无基坑水下筑坝技术。

在水利水电工程截流施工过程中,向流水中抛投混凝土预制块、就地取材的填筑料等,形成横跨江河的透水堰体,即"戗堤"(图2-16)。结合工程需要,有时会在河段的上下游一定距离同步建造戗堤,两段戗堤之间形成水流相对较缓、有利于施工的区域,工程建造者们向这个区域回填一定配比的砂砾或石渣到水面以上,再进行振冲加密处理使其成为水坝的一部分,形成水上施工平台,这样就可以同时进行坝基防渗处理和大坝填筑,实现无基坑水下筑坝。见图2-16示意。

图2-16 戗堤建设(图片来源:百度百科[戗堤]词条)

这种新技术的应用,在施工过程中,就成功抵御2005年第18号台风"达维"造成的超百年一遇的洪水,而且还使大坝提前一年完工。

大隆水利枢纽工程荣获了中国水利工程优质(大禹)奖、全国优秀水利水电工程勘测设计奖金奖和中国建设工程鲁班奖。

现在,你是不是对珠江流域片的水利建设有了了解,又有了关于水利工

程建设的很多知识？阅读起来不太容易，建设就更不容易，太多的专业技术包含其中。同样，水利工程技术也离不开一个国家的整体科技水平的提高，比如施工要用很多钢铁，如果冶炼技术不过关也是不行的。水利工程建设水平的发展也从一个侧面反映了我们国家近年来整体科学技术的飞跃发展和进步。

思考题

1. 在你的家乡也有水库工程吗？知道它们采用了哪种类型的坝吗？如果不知道的话，去那里询问一下，并且学会辨认它们。

2. 如果你就生活在珠江流域片三角洲区域，暑假或者寒假到那里去找找，是否还有桑园围、或者古代留下的水利工程遗迹，拍上一组照片，与朋友们分享一下。

第三章
地貌、生态显特性

我们已经知道,珠江流域片在我国的最南方,跨热带、亚热带季风气候区。这里多雨、气温高、湿度大;再看看地形图(图3-1),有高山、丘陵、盆地,有高原、台地、平原,有岛屿、滩涂、三角洲,还有独特的喀斯特地貌和石漠化区域,但山地和丘陵的面积最多,约占珠江流域片总面积的94.55%。

如此复杂的地理加上热带、亚热带的气候,共同造就了珠江流域片多样的生态系统。

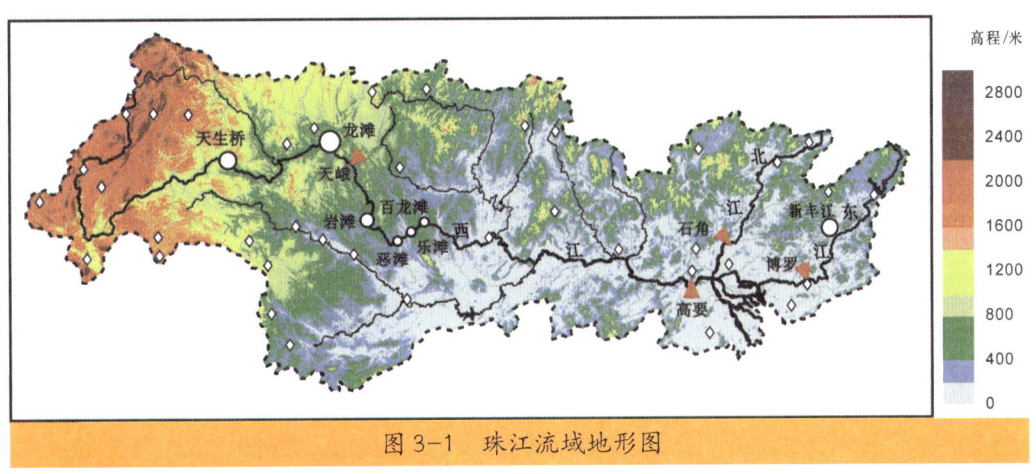

图 3-1 珠江流域地形图

有了复杂多样的生态系统,才有丰富的生物种类。以水生生态系统中的鱼类为例,我国淡水鱼共有795种(包括亚种),珠江流域片就有381种(最新数据为450多种),长江流域鱼的种类还不及珠江水系,只有370种,黄河流域更少,才191种。一起看看珠江流域片的丰富物种和它们的生活环境吧。

第一节 高原明珠连成串

先宏观地看看珠江流域片(翻到第一章看看图1-1)。它所在区域的整体地形为北高南低,西高东低(在地图上看就是上面高和左边高)。北面高,是因为有个南岭,南岭和长江走向基本相同,呈东西向,也是珠江流域与长江流域的分水岭。毛泽东主席在《七律长征》这首诗中写道:"五岭逶迤腾细浪,乌蒙磅礴走泥丸。"其中的"五岭"就是南岭中的一部分。

西北面高,因为那里是著名的云贵高原。云贵高原是我国第四大高原。其西部主要在云南省境内,包括云南东部,贵州全省,广西壮族自治区西北部和四川、湖北、湖南等省的边缘。在这里,南北走向和东北—西南走向两组山脉交汇。云贵高原面积约40万平方千米,平均海拔1000~2000米。

虽然东南部地势低于西北,但仍然有许多丘陵分布在东部,因此也有人说珠江流域三面环山,只是东面的山和西边北边的山比起来应该算是小巫见大巫了。

珠江流域片的地貌和生态系统复杂,不能只远观,还需要走近前去,一一辨识。

大家都熟悉湖泊,但是珠江流域片的湖泊有自己的标识,那就是海拔高,他们大都分布在云贵高原及云南省境内。如果对海拔高度没有概念,那么就看看海拔超过1000米的山上的树,山下的树和山顶上的树种类有什么不同(图3-2)。在珠江流域片还有一点比较特殊,那就是它还位于热带、亚热带区域。高海拔加上低纬度的热天气,共同造就了这里生态特性,当然还有很多其他局部的自然因素或者人为因素的影响。

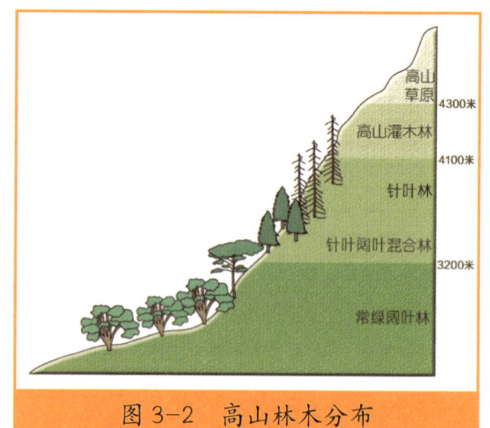

图3-2 高山林木分布

1. 高海拔的阳宗海、杞麓湖

阳宗海前面讲汤池渠时已提到,它跨云南省的宜良、呈贡、澄江3县,湖面水位海拔1770米,湖水面积31.49平方千米,湖水容积达6.04亿立方米。

南北朝时期，这里曾经被称为"大泽"。阳宗海有鱼类28种，含6目11科20属。其中土著鱼类20种，阳宗海特有种5种，云贵高原特有种5种，鲤科鱼类7种。金线鱼是阳宗海的主要经济鱼类（图3-3），占鱼产量的70%左右。可惜的是阳宗海螺蛳、阳宗白鱼、短尾鳄[yù]、阳宗金线鲃[bà]、云南盘鮈[jū]等阳宗海特有种类于20世纪80年代就逐渐消失了。现在湖内主要有金线鱼、鲤鱼、青鱼、鲫鱼、湖虾等。

图3-3 金线鱼是阳宗海主要经济鱼类

杞[qǐ]麓[lù]湖位于云南省通海县，因湖三面环杞麓山而得名，湖面水位海拔1797米，湖水面积36.73平方千米，容积1.68亿立方米。湖内产鲤鱼、鲫鱼、大头鱼等（详见图3-4）。

从20世纪80年代开始，为防洪排涝和扩大耕地面积，人为泄放了杞麓湖水，到1983年时水位已降至海拔1792米，湖水几近干涸且遭受了严重污染。2014年开始实施杞麓湖湿地修复工作，目前修复工作还在进行中。

图3-4 如今的杞麓湖国家湿地公园

2. 近却不同的抚仙湖、星云湖

抚仙湖位于云南省澄江县，海拔1740多米，湖面面积212平方千米，相当于3000个足球场的面积，最深处约158米，是我国第三深水湖泊。明代著名地理学家徐霞客在游抚仙湖时，对清澈的湖水赞不绝口，"滇山惟多土，故多涌流成海，而流多浑浊，惟抚仙湖最清"。

图 3-5　抚仙湖特有鱼类鱇浪鱼

抚仙湖中的特有鱼类有鲤科的鱇[kāng]浪鱼（图 3-5）和鳅[qiū]科的抚仙高原鳅等。随着抚仙湖生态状况的改善，曾经消失的鱇浪鱼被重新培育成功，很多水禽或者迁徙珍稀鸟类也现身抚仙湖，如彩鹮[huán]、长脚鹬[yù]和钳嘴鹳[guàn]等。

星云湖就在抚仙湖的西南方向不远处，在云南的江川县。湖面水位海拔 1723 米，湖水面积 34.71 平方千米，最大水深 10 米，容积 1.84 亿立方米。星云湖与抚仙湖几乎连在了一起，但是两湖的水质不同，生活在两湖中的鱼类也不相同，民间素有"两海相交，鱼不往来"之说。抚仙湖与星云湖相连的河道——玉带河中段岸边，耸立着一块巨大的石头，名字就叫"界鱼石"。

星云湖中的鱼主要是鲤科，其次为鳅科、合鳃科、鳢[lǐ]科、鲶[nián]科等，有青鱼、草鱼、鲢鱼、鳙[yōng]鱼、大头鱼、鲫[jì]鱼、星云白鱼（图 3-6）等。

图 3-6　星云湖特有土著鱼种星云白鱼

虽然星云湖和抚仙湖的鱼类同属鲤科或者鳅科，但是种类不同。这是因为生物学中，生物分类体系是门、纲、目、科、属、种，同一个科下面还有不同的属和种。

3. 同在北回归线的异龙湖、长桥海、大屯海

异龙湖位于云南省红河哈尼族彝族自治州石屏县（北纬 23°19′~24°06′，正好跨北回归线 23°26′），当地为亚热带高原山地季风气候。异

龙湖湖面面积 34 平方千米，容积 1.13 亿立方米，湖底海拔 1407 米。异龙湖又被称为石屏海，彝族语言中石屏海的意思是"龙吐水形成的海"。

因为异龙湖接纳石屏县城污水的时间较长，湖水污染非常严重。虽然经过多年治理，水质暂时还是 V 类，未能彻底恢复。异龙湖中有名的土著鱼种拟鲹、异龙大鳞白鱼（图 3-7）、花鱼已相继灭绝。但异龙湖边，已经开始了植被修复和景观建设工作。现在湖中有万亩荷花园，每年的 6—10 月，各色荷花盛开，清香四溢。

图 3-7　异龙湖特有鱼类大白鳞鱼于 2011 年由国际自然保护联盟宣布灭绝消失

位于云南蒙自的大屯海和长桥海曾经是连在一起的湖泊。1459 年（明天顺三年）当地知县在湖中建了一座长桥方便湖两岸的交通，遂将湖泊一分为二，桥东为长桥海，桥西为大屯海。

这里湖面水位海拔 1280 多米，其中长桥海的面积 10 平方千米，最大水深 2.5 米，平均水深 1.3 米，最大容积 4488 万立方米。大屯海的水面面积 12.33 平方千米，最大容积 4470 万立方米，平均水深 1.3 米，水从长桥海流向大屯海。

长桥海彝语名"矣坡黑"，意思是"湖底有涌泉的海"。长桥海也位于北回归线边（北纬 23°41′），这里的地貌特征是喀斯特高原地貌。目前长桥海已经作为湿地加以保护，为国家级湿地公园（图 3-8）。

个旧至碧色寨的铁路于 1921 年建成，在此之前，大屯海曾经是一条重要的水上运输通道。经由大屯海，滇越铁路运往个旧的物资才能转运到个旧的各座锡矿去。

大屯海与长桥海、阳宗海、抚仙湖、星云湖、杞麓湖和异龙湖都属于珠江流域的南盘江水系，从地图上看，它们从南向北依次排开，如同一串糖葫芦。抚仙湖、星云湖和阳宗海一带，土质肥沃，沿湖周边区域主产稻、麦、

图 3-8 长桥海国家湿地公园

蚕豆、烤烟和油菜,是著名的滇中谷仓。抚仙湖湖周还有尖山、笔架山、碧云山、对过山等,阳宗海周边有梁王山、乌纳山、向阳山、迎仙底山等。阳宗海出水口附近还有温泉,为高温硫磺泉,水温可高达 72℃,水热如汤,故名"汤池"。

或许你能感受到,关于高原湖泊的生态特征我们还知之甚少,有不少高原湖泊经受了人为的干扰、水质受到污染,目前正在自我恢复和人工修复保护中;还有很多未知等待着科学家的深入探索研究。

第二节 岩溶地貌分利弊

岩溶地貌就是人们已经逐渐习惯说的那个舶来名——喀斯特地貌。在珠江流域片,这样的地貌特征和其生态特性具有代表性。

或许你要问,这不是地貌特征吗,和水有什么关系?来了解一下喀斯特地貌定义就知道它和水的紧密联系了。喀斯特地貌是地下水与地表水对可溶性岩石溶蚀与沉淀,侵蚀与沉积,以及重力崩塌、坍塌、堆积等作用形成的地貌。可以说,水是喀斯特地貌形成的重要原因之一。西南地区是我国最大的喀斯特碳酸盐岩出露地区,喀斯特地貌面积在 91 万~130 万平方千米之间,其中以广西、贵州和云南东部所占面积最大。

1. 奇峰、异洞引人入胜

水滴石穿这个成语相信大家都知道，水经年累月不断地滴在可溶性的岩石上，开始仅仅是水的重力作用，后来水和岩石中的成分发生了化学反应，再后来加上风、重力、温度等，就会造就出许多石头奇观。专家们把发生在地面以上的喀斯特现象归纳为石芽与溶沟、喀斯特漏斗、落水洞等地貌类型；把发生在地下的喀斯特现象归纳为溶洞与地下河、暗湖等地貌类型。

云南的石林就是亚热带高原地面以上发生喀斯特现象的典型地貌景观（图3-9）。石林占地总面积1100平方千米。这里几乎包含了最多样化的喀斯特形态，巨大的剑状、柱状、蘑菇状、塔状等石灰岩柱是石林的典型代

图3-9 云南石林

表，此外还有溶丘、洼地、漏斗、暗河、溶洞、石芽、钟乳、溶蚀湖、天生桥、断崖瀑布、锥状山峰等，几乎世界上所有的喀斯特形态都集中在这里了，石林已于2007年被联合国教科文组织列入世界遗产名录，具有很高的旅游价值和研究价值。不要忘记，水在其中发挥的重要作用。

再说地下喀斯特现象。位于贵州省安顺市的龙宫（图3-10）就是喀斯特现象发生在地下的结果。那是一片世界最大、最多的水旱溶洞群，在那里还有岩溶洞穴瀑布，水溶洞长达15千米。在这片地下溶洞中，天然辐射剂量率也是世界最低的。

图3-10 贵州龙宫

以贵州为例，全省喀斯特地貌出露区加上喀斯特地貌形成区的总面积占全省面积60%以上。在云贵高原，还有保存完好的喀斯特原始森林，比如荔波的茂兰喀斯特森林自然保护区，森林覆盖率达到92%。

广西都安地下河喀斯特景观也是一处非常特殊的喀斯特地貌景观（图3-11），它位于河池市都安瑶族自治县境内。专家们研究认为，都安喀斯特正处于地下和地表喀斯特彼此制约，却又相互协调、同步共生的特殊发育

图 3-11 广西都安地下河地质公园喀斯特景观构成示意图
（摘自 韦跃龙，陈伟海，罗劬侃《广西都安地下河地质公园喀斯特景观特征及其形成演化》）

时期。那里的年均降水量达 1581.7 毫米，地表水有红水河、刁江、澄江等 3 条常年性河流，地下水以地苏地下河系等管道喀斯特水为主。现在已经设立了都安地下河国家地质公园，整个园区喀斯特景观丰富，可概括为地下河、天窗、地表河、湿地、坡立谷、峰丛洼地、峰林谷地、洞穴等 8 大类。都安地苏地下河全长 241 千米，是"全国地下河之首"；还有 300 多个地下河天窗群，享有"岩溶地貌天然博物馆"以及"世界天窗之都"的美誉。被称作"水中大熊猫"的桃花水母生活在地下暗河中。

《山海经》中就有溶洞、伏流、石山等现象的描述；明代徐霞客详细考察了喀斯特洞穴的特征、类型及成因，在他的《徐霞客游记》中，记述了喀斯特地貌类型、分布和各地区间的差异。

2. 不能不说的石漠化

岩溶现象给大自然留下来的不仅是奇石风景，也带来了许多不利的方面，石漠化就是其中最不利的影响。那么什么是石漠化呢？

石漠化是指碳酸盐岩（可溶性岩石）地区，来自各种因素的干扰（人类、地质变化、自然灾害等）和岩溶相互作用而造成的植被破坏、水土流失、土地质量下降直至岩石裸露、出现类似荒漠化景观的生态系统复合退化过程。

也就是说，喀斯特现象发生过程中，如果不能很好地控制，甚至还有人为加剧这个过程，那么这一区域的土壤就会随着喀斯特现象发生的过程一起流失。久而久之，只剩下了还没有被溶蚀的石头了。发生石漠化最终将使可

以耕种的土地越来越少乃至丧失（图 3-12）。科学家曾经对西南喀斯特地貌区域做过调查，超过 1/4 的喀斯特地貌区域发生了石漠化，其中贵州最为严重。长江流域和珠江流域是我国发生石漠化最严重的两个流域。长江流域约占全国石漠化区域总面积的 56.5%，珠江流域次之，占 37.5%。

图 3-12　石漠化土壤流失导致很难开展农业耕作

发生石漠化的区域有哪些生态变化呢？科学家研究发现，随着石漠化程度的加剧，植物群落由原生林向次生林、灌丛、稀灌草丛、稀疏草丛依次退化，植物群落的分化和层次结构越来越不明显，群落植被的高度越来越低，个体和群落生物量越来越小。

当然，科学家也研究了治理轻度石漠化、中度石漠化的方法，最重要的是要想方设法保水保土，恢复植被，预防其成为重度石漠化区域，如果真的变成了重度石漠化，就很难治理了。

第三节　奇珍异宝在珠江

为了适应不同的生活环境，个体或种群就会发生一些适应性改变，因此不同的生活环境下即便是相同的种类也会出现差异，如果这些差异保持的时间很长，不同环境下的同类也没有交流，久而久之，个体或种群在形态、生理上的差异就会被遗传下去，或许就有了一个新的种或者亚种诞生。

云贵高原素有"山高坡陡谷深"的特点，海拔在 1000~2000 米，它们是物种交流的屏障。一山之隔，山两侧的河流中，或许就有同类物种发生形态、性状的变化。因此珠江流域片有不少自己独有的物种。

1. 源头土著种类多

在南盘江水系和澜沧江水系，生活着很多土著特有鱼种。花鲈 [lú] 鲤就是其中的一种,属鲤科(图3-13),主要生活在澜沧江和抚仙湖,为国家重点保护野生动物名录二级保护动物。

在珠江和元江水系,有暗色唇鲮(图3-13),它们都生活在沙滩或有岩石、砾石河段,或者岩洞中水底层,非常喜欢流水特别是急流,被列入《世界自然保护联盟濒危物种红色名录》(IUCN 2007年 ver 3.1)无危(LC)和《中国濒危动物红皮书》易危(VU)组。

图3-13 南盘江、元江土著鱼种:花鲈鲤(左)和暗色唇鲮(右)

在珠江和元江水系的上游以及长江流域,还生活着南方白甲鱼(图3-14),也叫南方突吻鱼,多栖息在清水石底河段,为河水中下层鱼类,以着生藻类为主食,喜冷,在广西北部高寒山区生长较快。

犀角金线鲃属鲤科(图3-14),是洞穴鱼类,也是我国的两位科学工作者李维贤、陶进能在1994年发现的新鱼种,目前仅见于我国云南罗平新寨龙潭(属南盘江水系)。

图3-14 南盘江、元江土著鱼种:犀角金线鲃(左)和南方白甲鱼(右)

此外，还有许多土著鱼种，如曲靖白鱼、云南倒刺鲃、宜良墨头鱼、云南裂腹鱼、稞[kē]胸鳅鮀[tuó]、薄鳅、叶结鱼、瑶山鲤、广西刺鳅、唐角鱼（胡子鲶）等特有鱼类。这些鱼类大都生活在高海拔水域，这里水质非常好、水温较低，有些喜急流，有些喜洞穴或者居于水底。可惜的是，不少这样的土著鱼类在天然水体中已经很少能被找到，因此科学家们正在努力人工繁育濒临灭绝的鱼种。这其中有一位非常值得敬佩的人，他是云南罗平县鲁布革乡水产站站长刘兴，经过25年的艰苦努力，他已经将暗色唇鲮、犀角金线鲃等10多种珠江水系土著鱼人工驯养成功，保护了土著鱼种免于灭绝。人民日报为此专门作了介绍。

人们常常对保护几条小鱼不屑一顾。其实，保护它们的意义不在于尝鲜，而是要保护那里的生态系统，它们是那里生态系统良好的标志。许多良好生态系统中的物种，或许就是我们未来的某种药源，许多物种或许我们现在还不知道他们除了能吃还有哪些重要的用途，但它们未来也可能是重要的资源。

除了土著鱼，在源头水域还有珠江流域特有的生物，如鳄蜥（图3-15）。鳄蜥在广西瑶山被发现，是我国的特有物种，属于国家一级重点保护野生动物。它栖息在山间溪流的积水坑中，天生不爱活动，被当地人称之为"大睡蛇"。如今，在广西大瑶山、广东韶关的罗坑、茂名林州顶等地都建有鳄蜥的自然保护区，为保护鳄蜥原生环境和种群资源发挥了重要作用。

图3-15 珠江流域的特有生物：鳄蜥

2. 流域动植物资源种类多

在珠江流域片，淡水鱼除了最常见青、草、鲢、鳙"四大家鱼"外，还有鲮鱼、鲤鱼、花鲈、鲮[suō]等；比较名贵的鱼类有鲥[shí]鱼、卷口鱼、斑鳠[hù]等23种；此外，还有中华白海豚、中华鲟、鼋[yuán]等国家一级保护动物，大头鲤、金线鲃、花鳗鲡、唐鱼等十几种国家二级保护动物，还有珍稀鱼类及水生动物淡水赤魟[hóng]、佛耳丽蚌等。

国家一级重点保护野生动物黄唇鱼（图3-16），就生活在珠江口、闽江口等江河出海口水域。它也是我国特有鱼类，曾是东莞虎门地区的优势物种，因为被过度捕捞濒临灭绝。2005年，东莞市在其产卵场——珠江口虎门海域设立了以黄唇鱼为主要保护对象的自然保护区，但由于繁育条件较为苛刻，目前国内尚无黄唇鱼人工繁育成功的案例。

图3-16 珠江流域的特有鱼类：黄唇鱼

生活在河口水域的还有中华白海豚（图3-17），它是国家一级重点保护海洋哺乳动物，属于鲸类的海豚科。在我国主要集中分布在东南沿海的珠江口和厦门海域。为更好地保护中华白海豚，1999年，广东省在珠江口设立自然保护区，2003年升级为珠江口中华白海豚国家级自然保护区。

除了动物，还有植物。水松（图3-17）就是其中的一种，也是我国一级重点保护野生植物。属杉科，是我国特有树种，主要分布于我国珠江三角洲、福建中部及闽江下游海拔1000米以下地区。喜光、耐水湿而不耐低温。水松还是一种药用植物。

2015年，中国水产科学研究院珠江水产研究所、珠江流域渔业资源养

中华白海豚（南海海洋研究所李敏摄） 水松

图3-17 珠江三角洲的水生生物

护与生态修复重点实验室、农业部珠江中下游渔业资源环境重点野外科学观测试验站等单位，联合对珠江流域 13 个站位进行了全面调查，共采集渔获物上万尾，隶属 17 科 72 属 94 种，鲤科鱼类占显著优势。与历史资料对比后发现，珠江鱼类种类明显减少、空间分布发生了很大改变，外来鱼种罗非鱼已经遍布整个流域。保护珠江水生态系统的独特性、自然性已经迫在眉睫。

3. 红树林功劳特别说

广东、广西、海南三个省（自治区）的大陆海岸线长达 6069.2 千米，约占全国大陆海岸线总长的 34%，因此，每年防风暴潮的任务十分艰巨。红树林在防风暴潮中发挥了重要的作用。

那什么是红树林呢？红树林是生长在热带、亚热带海岸潮间带，由红树植物为主体的常绿乔木或灌木组成的湿地木本植物群落。这些植物都具有呼吸根或支柱根，种子可以在树上的果实中从萌芽长成小苗，然后再脱离母株，坠落于淤泥中发育生长。这些植物包括红树科、海桑科、紫金牛科、马鞭草科、大戟科等。

许多人形容红树林的防风消浪功能，就如同海岸边的一座柔性坝，在防风暴潮、固岸保土中发挥着不可替代的作用。此外，红树林还能够固碳储碳，是珍稀濒危水禽的重要栖息地，鱼、虾、蟹、贝类生长繁殖场所。因此，在碳减排、保护生物多样性方面红树林同样功不可没。珠江流域片咸淡水交界处是我国红树林的主要分布区，这也是珠江流域生态系统的一大特色。

在珠江流域片比较著名的红树林保护区有海南东寨港国家级红树林自然保护区（图 3-18）、海南清澜红树林省级自然保护区、湛江红树林保护区、

图 3-18 海南东寨港国家级红树林自然保护区（张艺摄影）

珠海淇澳红树林湿地、深圳福田红树林保护地、广西合浦县山口国家级红树林生态自然保护区等。

红榄李（图3-19）就是红树林中的一种濒危树种，2014年《中国濒危红树植物红榄李调查报告》中显示，红榄李在全国仅存14株，均分布于海南。其花瓣鲜红、花蕊嫩黄，是红树林的偶见树种。在海南省东寨港国家级自然保护区管理部门的努力下，成功实现了红榄李的人工培育，目前保护区野外种植区已存活700余株。

图3-19 红树林濒危物种红榄李

红树林目前还存在许多问题，一是面积在减少，虽然我国局部区域红树林面积有增加，但是整体面积还是偏少。二是生境退化，表现为生境破碎化、栖息地质量下降和生态功能降低，目前，低矮的白骨壤林和桐花树林占据了中国红树林的主体。三是生物多样性降低，我国37种红树植物的50%处于不同程度的珍稀濒危状态，海南海桑和卵叶海桑的野外个体数不超过100株。四是区域整体保护协调不够，保护监管能力还比较薄弱。

珠江流域因其上中下游变化多样的地形地貌，气候变化，使得流域内生态类型多样、地貌特征丰富。这里所介绍的仅仅是和水密切相关的部分生态类型和动植物种类，还有许多动植物种类等待大家去认识，还有许多生态类

型等待你亲临现场。去北盘江看看黄果树瀑布群，去漓江看桂林山水，还有西江的肇庆七星岩，北江的丹霞地貌和东江的万绿湖、惠州西湖……

只有置身其中，才能体会珠江的灵秀之美！

思考题

1. 我国高海拔的湖泊还有新疆的天池和长白山天池等，除了海拔高度的差异外，他们和珠江流域片的高海拔湖泊在地理位置上最大的不同是什么？

2. 去了解一种红树林植物——红树的自然繁殖方法，并告诉你的同学。

第四章
包容开放云水间

"一方水土养一方人",这是人们常说的一句话。你想过没有,什么时候人们才会说到这句话?对,就是人们发现一个地方和另外一个地方、特别是和自己熟悉的地方是那么不同的时候,就会感叹:"真是一方水土养一方人!"不用说,对于珠江流域以北的人,看珠江流域的人和事一定会发现和自己所居住地方的不同。什么不同呢?或许是语言、生活方式、传统习俗,或许是价值观念、审美情趣、精神图腾等等,这些都可以用一个词——"文化"来概括。

珠江流域片自有其独特的文化特征。许多专家学者做了深入的研究,他们认为,珠江流域既有与长江、黄河流域所共同的开放、包容、进取的文化特征,又有自己独特的文化发展过程和特点。三个主要方面的共同影响成就了珠江文化,一是由珠江流域自身水土资源形成的当地或者本土文化;二是来自中原文化的影响;三是来自海外文化的影响(海洋文化)。

那么在这些影响要素中,水及其与水相关的活动、事件、重要人物等,在其中发挥了哪些重要的作用呢?还有哪些甚至产生了自己的水文化特色呢?

第一节 本土文化水为魂

1. "喊布"祭水、"无水不足"——壮族

壮族是生活在珠江流域片的少数民族之一。左江、右江及红水河流域一直是壮族及其先民的核心聚居区。

壮族聚居地区普遍光照充足、雨量充沛,年均降水量大都在1500毫米,

海拔在 1300～1500 米，河流纵横交错，造就了壮族以稻作农业为主的生产方式，也形成了与其生存环境和生产方式相适应的文化特征（图 4-1）。首先，他们发展出一系列适应本地生产的水车、戽斗等提水、灌溉工具以及灌溉渠道。因为用水是生产过程中的重要内容，他们又发展出各种取水、用水以及护水的社会组织和制度、日常规范和节日礼仪，进而发展出水崇拜和水神信仰。他们信奉三元，即祭拜天、地、水。如靖西县三月三的"喊布"（壮语的译音），就是一种祭祀泉水（鹅泉）的活动。

图 4-1　壮族稻作文化民俗节日（《隆安稻草龙》何宏生摄影）

壮族先民在长期的生活中还获得了"无水不足、无山不稳、无树不安、无田不居、宁居山坡、不占良田"的建村居住经验或者规则；有专家将壮族文化按照水系进行了分类，如红水河下游文化区、柳江龙江文化区等 9 个文化版块，可见水、水域在壮族的生产、生活过程中的巨大影响。水域不同，生活方式不同，文化理念不同，这便是本土环境下文化发源的不同因素。但毫无疑问，水是其中的核心要素。

相同或类似的文化传统或习俗在珠江流域片中的苗、瑶、侗等少数民族中也有。水影响着他们，他们也将水上升为文化和精神。或教人们敬畏，或鼓励人们勇敢，并将这种精神一代一代的传承下去。

2. 山上的水田——哈尼族

居住在云南红河州的哈尼族，自从定居哀牢山，就开始了开垦山上水田的工作。专家们对红河哈尼梯田（图4-2）的历史研究发现，仅汉文字史料记载，哈尼梯田就有1300多年的历史。明代农学家徐光启将哈尼梯田列为中国农耕史上的七大田制之一。

《尚书》记载：早在3000多年前的春秋战国时期，哈尼族先民"和夷"在其所居之"黑水"（今四川大渡河、雅河、安宁河流域）就已开垦梯田进行水稻种植。"南诏德化碑"记载，唐初哈尼族经"步头路"迁徙到红河南岸哀牢山脉，找到了适宜

图4-2 红河元阳哈尼梯田

的居所，并开垦了大片的梯田。目前，仅元阳县境内就有17万亩梯田。红河、绿春及金平等县还有类似的梯田。这些梯田依山势而建，缓坡地块大，陡坡地块小，形状各不相同，有的山坡从山脚到山顶梯田级数可达3000多。

如此耕作方式，反映出哈尼族的自然生存法则。哈尼族崇尚自然、利用自然，通过修建梯水田，利用了这里的高降水量，将水存储在水田中为我所用。同时将森林、村寨、江河、梯田纳入同一体系中保护并提高其生存、生产能力，保护后代的绵延发展，从而也发展出以梯田为核心的文化。

3. 水成为传统文化的重要符号之一——多民族

水鼓舞，是苗族的一种传统舞蹈。每年农历六月，正是水稻抽穗灌浆的时候。当地民众聚集在水田中，身着农耕装，踩鼓而舞，模仿插秧、泼水等水中劳动的动作，祭祀祖先，祈求风调雨顺与村寨平安。苗族古歌"洪水滔

天"和"沿河迁徙",还叙述了人与水的故事。傣族的"泼水节"也将祈福与水有机地结合了起来。

侗族学者、作家余达忠教授说:"侗民族是一个生活在水乡泽国的民族,充满在它生命和生活中的都是水,只能崇拜水,膜拜水,把生命和水连在一起。"侗族古歌《祖公上河》(出自《祖公歌》)叙说来自水滨以及沿着水路的迁徙路线。"当初我们侗族祖先,住在那梧州一带。当初我们侗族祖先,住在那音州河边。梧州地方田坝大,音州地方江河长。"有专家这样说,侗族的栖居观以水为魂。侗族村寨是"无水不田,人靠饭长,田靠水养"(图4-3)。

图 4-3 侗寨程阳风雨桥

水在本土文化的产生与发展中发挥了重要作用。

第二节 中原影响水做媒

中原对南方的影响涉及方方面面,水是其中重要的媒介。有意思的是,古代的贬谪和流放制度使这种交流更具影响力和辐射力,因为被贬谪或者流放的人大都是名人或者曾经的高官,他们的一举一动备受瞩目。同样,大规模的南迁移民也带来了南北间的深入交流。

1. "赢得江山都姓韩"——韩愈的贡献

公元819年(唐元和十四年),唐代文学家、思想家、哲学家韩愈因反对迎接佛骨到长安供奉,上书《论佛骨表》,被贬为潮州刺史。那时,潮州还是荒蛮之地,"潮州底处所,有罪乃窜流",但韩愈心怀百姓疾苦,到任后兴修水利、排涝灌溉,大力发展教育,更把中原地区的先进文化和农耕文明带到了潮州。

"韩文公走马牵山"就是潮州人民口口相传的韩愈治水故事。韩愈初到潮州，正值南方汛期，暴雨成灾。城外农田一片汪洋，百姓深受其害。韩愈冒雨实地勘察灾情，他发现城北山势较低，便想筑堤堵住山洪。于是，他骑着马在城北山坡上上下下蹚水插竹竿做记号，标明堤线。等众人前来帮忙时，韩愈插的竹竿早已成行，城北山如同一座"竹竿山"。百姓大受鼓舞，按着竿标筑堤，有序抢修堤坝，很快堵住了汹涌的洪水。人们为了纪念他，从此北山改称"竹竿山"，并立了一座"功不在禹下"的石碑。

其实，韩愈带来的不仅是科学筑堤的方法，更是一种精神和人文关怀。前面介绍的韩愈以文除鳄的故事，更是为了凝聚民心、消除民惧，破除老百姓的愚昧观念。

韩愈被贬潮州不到8个月，却对潮州的发展产生了深远的影响。在韩愈的影响下，潮州的人文精神和文化思想代代相传，还被誉为"海滨邹鲁"。后人们将能够冠上韩的山水，都改称韩江（图4-4）、韩山、韩堤等等，更不用说专门纪念他的韩文公祠、景韩亭了。因此才有了"赢得江山都姓韩"的说法。

图4-4 韩江潮州段

2. "不辞长作岭南人"——苏轼的贡献

公元1094年（北宋绍圣元年），北宋著名文学家、书画家苏轼被贬谪广东惠州。他是宋朝第一个被流放到岭南的人。

苏轼虽身处逆境，但乐观豁达，更心系民生疾苦，为老百姓解决了许多难题。苏轼听说广州城"一城人好饮咸苦水，……惟官员及有力者得饮刘王山井水"，就根据治理杭州的经验，向广州太守王敏仲写信提出，将离广州20千米的蒲涧山滴水岩上的水通过竹管引入城中，解决饮水问题（图4-5）。

图4-5 广州白云山东坡引水纪念景点

苏轼到惠州，发现惠州城四面环水，民众出行不便，便上书当时的广东提刑官，陈述修桥的必要性，谋划并资助兴建了"两桥一堤"。为兴建这两座桥，苏轼自己"助施犀带"，还动员弟媳捐出"数千黄金钱"。为纪念苏东坡的功绩，后人将湖堤命名为苏堤，堤上的西新桥又称"苏公桥"。

苏轼在惠州只有两年多的时间，但是他敦厚待民的理念和高尚的人格魅力，对惠州的文化、社会发展产生了深远的影响，沉淀出惠州崇文厚德、包容四海的文化风气，"一自坡公谪南海，天下不敢小惠州"。

第四章 包容开放云水间

今天，惠州还有苏轼的多处遗迹。惠州西湖、东坡井、合江楼、嘉祐寺、白鹤峰东坡故居（图4-6）、西新桥等。

公元1097年，年过六旬的苏轼再次被贬谪，这一次，到了更南的海南儋州。和从前一样，苏轼把

图4-6 白鹤峰东坡祠（东坡故居）鸟瞰
（《东江时报》记者姚木森 摄）

儋州当做第二故乡，称自己"我本儋耳氏，寄生西蜀州"，当时的海南，淡水稀缺，老百姓喝的都是咸积水，痢疾、热病不断，加上缺医少药，很多人死于水源性疾病。为解决这个问题，苏轼亲自带领乡民挖井取水，掘出的井水旺盛甘甜。人们称其"东坡井"，从此之后，井水从未干枯过。他还教黎民重视农耕，为百姓开方治病，讲学明道，教化日兴，人们回顾这段历史，称"琼州人文之胜实自公启之"，这里的"公"指的就是苏公——苏轼。

苏轼的诗词更是为岭南的文化发展做出了巨大贡献。至今人们还在用苏轼的诗词，描述着岭南的美好风光，赞扬着自己的家乡。

3. 破除迷信凿井为民——柳宗元的贡献

公元815年（唐元和十年），唐代文学家、哲学家、散文家和思想家柳宗元被贬为柳州刺史。当时的柳州百姓吃水用水非常困难。但又因为迷信，怕凿井伤了"龙脉"，坏了"风水"，不敢打井取水。只好天天带着水罐，跑很远的路到柳江取水，苦不堪言。柳宗元知晓后，亲自带领民工勘测，挖掘水井，开辟农田，不仅解决了饮水问题，而且还破除了迷信，解放了人们的思想。

柳宗元还制定了恢复奴婢自由身制度，让许多奴婢得以自由；他还兴办教育、种植柳树，制作药品治病救人。

至今，柳州民间还有"三川九漏（井）"的传说。在柳州市有柳宗元纪

念馆，由柳侯祠（图4-7）、柳宗元衣冠墓、柑香亭组成，门柱上的对联"有德于民民祀之，无私济世世兴矣"，表达了柳州百姓对柳宗元的思念之情。

图4-7 柳侯祠

4. 桑基鱼塘创雏形——包拯的贡献

公元1040年（北宋康定元年），包拯（时年42岁）调任端州郡（今广东肇庆市）州事，任期三年。主政端州期间，他"清心为治本，直道是身谋"，兴修水利，加固延长堤围，治理西江水患，引导民众开渠凿池，改造沥湖（今称星湖）。屯良田、备耕耘，依照地势合理安排田地；地势高的用作稻田、菜地，而低洼的地方则开辟为鱼塘、荷塘。堤围加固扩展，逐渐排走沥水，开创了珠江三角洲桑基鱼塘式农业（图4-8）的雏形，增加了很多可耕种的土地，还建造了储粮备荒的"丰济仓"。"聚谷于众，

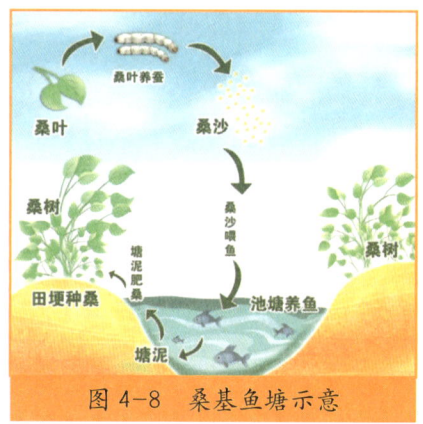

图4-8 桑基鱼塘示意

年丰则取之，民饥则与之"。

从秦始皇为统一岭南，开凿灵渠，沟通珠江与长江流域起，和水系连通同时发生的是中原与岭南的文化交流。无论是被派来任职的还是被贬谪的，无论是主动还是被迫的，大批中原百姓的南迁，都带来了相对先进的中原耕作方式、抵御水灾的办法和中原文化。那些从北方来的士民，初到三角洲时，可耕之地已被土著居民占有，只能落户于条件更加恶劣的地方，面临的是低洼潮湿的冲积平原。要把那些地块变成田，如果不修筑堤围用以防洪、防咸潮并做好排涝，那里就无法成为田地。他们带来了江南修筑圩围、改造沼泽地的经验。而这样的工作，不但需要技术，更重要的是需要集体劳作，这样，宗族制度也被带到这里，他们的成功使自己成为这里的主人，岭南人也看到、学到并发扬光大了这些技术方法，从而发展出这里独特的珠江流域片的文化。中原与岭南，同根多元，都是中华文明的繁花。

第三节 对外交流水做舟

前面的章节中已经介绍了，红河—元江流经我国和越南；北仑河是我国和越南的界河，从广西东兴市和越南芒街之间流入北部湾；在云南，我国还与缅甸接壤；广东、海南、香港和澳门都面朝或位于南海，内陆深处的人和货物，经珠江水路到海边、下南洋、远行世界，从古到今从未停止过（图4-9）。

图4-9　如今繁华璀璨的珠江三角洲夜景

随着经济的发展，过去的边关，逐步变成了远洋海外的便利。更多的人随着贸易交流看到了外面的世界，更多的外国人来到了中国，这样的交流影响着本土文化，研究珠江文化史的专家这样说："珠江文化的开放、包容和进取性集中体现在海洋性特征上"，而这样的特征离不开珠江流域片的基本地理特征、水系条件等必不可少的客观条件。水，承载着文化的流动和交融。

1. 开通交流的渠道

最初的交流大多依靠天然的河流作为重要途径。珠江流域与外流域、与其他国家的贸易运输和交流很多以水路为主。广东与香港交界的深圳河，与湖南交界的武水，与江西交界的浈水、定南水，与福建交界的韩江，以及我国与越南的界河北仑河，跨界河流元江—红河，与缅甸的跨界河流湄公河都在物资运输、贸易和文化交流中充当着重要路径。

除了后来居上的陆路交通，从古至今，人们始终没有放弃水路交通和交流，灵渠就是其中之一，将长江和珠江流域两个我国水量最大的流域连接起来，加强了更大范围的政治、经济、文化交流，巩固了国家的统一，也使长江中上游的对外交往借上了珠江这一捷径。

在第二章中我们介绍了珠江流域其他的"运河"工程，它们要么是为了连通两个支流水系如相思埭[dài]（公元692年），要么是为了通江达海，走出国门，如南、北流江连通直达北部湾的运河工程（公元1394年）和潭江通海水道工程（公元1674年），这里的人们不断为走出去而努力。

新中国成立后，珠江流域的内河航运加上海上运输，对外贸易的数量不断增加。改革开放后，我国对外开放的大门不再关闭。仅以内河航运为例，现在，珠江水系已初步形成了以"一横一网三线"（西江航运干线、珠江三角洲、北盘江—红水河、右江、柳江—黔江）国家高等级航道网和南宁、贵港、梧州、肇庆、佛山5个主要港口，以及北江、东江等区域重要航道、一般航道和其他港口组成的航运体系。2020年年末，珠江水系内河航道通航里程15764.3千米，占全国内河航道总里程的12.3%。从南大门进出的货物和人流不断增多，交流也不断深入。而通过南海的海上丝绸之路，更是为构建和平、稳定周边环境发挥了重要作用。

2. 人才在"水中"流动

1915年，督办广东治河事宜处（民国专门的治水机构，专司珠江下游及三角洲的防洪工程）先后聘请瑞典籍总工程师海德生和工程少校柯维廉，率技术人员赴西江河道勘测，提出了《西江防潦条陈》报告书。之后，柯维

第四章 包容开放云水间

图4-10 如今的芦苞水闸

廉先生在珠江流域片工作了20多年，组织并亲自参加了大量的勘测、设计和规划工作，为珠江水利做了许多开拓性工作，芦苞水闸（图4-10）就是他主持建设的，也是珠江第一座钢筋混凝土结构的水闸。他也成为将近代水利科学技术最早直接引进珠江流域片的外国专家。

近代以来，还有许多这样的中外合作水利建设的案例，如云南开远水电厂建设，由德国西门子洋行工程师李必显负责勘测设计，这是南盘江第一座水电厂，也是珠江流域在1949年前最大的水电厂。

新中国成立后，我国对外水利交流更加广泛和活跃，从二十世纪五六十年代苏联专家的援助，到七八十年代之后我国的水利专业技术不断提高，水利管理水平不断完善，逐步开始外派援助专家和技术人员，许多珠江流域片的水利工程不断地创造我国或者世界之最，也为整个珠江文化的交流增添了活力，珠江人敢为天下先的精神不断发扬光大。

3. 交流在"水中"不断深入

从20世纪90年代开始，国外的公司和国际组织先后参与了南盘江布鲁革水电站、天生桥水电站、红水河岩滩、北江飞来峡水利枢纽、广州抽水蓄能电站、珠江河口整治、对香港供水、对澳门供水等项目的投资、技术咨询、可行性研究、工程建设或工程扩建，交流涉及从工程建设到水资源管理，从水量到水质。

我国与泰国的水利专业技术交流工作很多由水利部珠江水利委员会承担，如与泰国国家研究委员会合作的应用遥感技术研究中国珠江河口伶仃洋与泰国湄南河河口水沙运动、利用遥感技术开展水土保持等合作项目，项目涉及航天技术、计算机——光学图像处理、GIS（Geographic Information

System，地理信息系统）、GPS（Global Positioning System，全球定位系统）、水文泥沙、河流海岸动力学、河口动力地貌及河口海岸工程等多技术领域。

我国和越南的水利技术合作内容也很多，像河口治理与开发、遥感技术、泥沙监测技术与设备、小流域治理等，都是我国和越南都需要的水利技术，也是需要解决的问题，因此两国在上述这些领域开展了很多合作研究，我国还向越南输出了有关模型及设备。

通过人与人的接触、沟通，从具体的技术交流，慢慢地到管理理念，会让你感受到技术以外的东西，或许那就是文化与文化的力量。作为媒介，水一直都在其中发挥着不可替代的作用。

思考题

1. 水（河流、湖泊等）是古诗词中的重要话题之一。描述珠江流域片的古诗词除了本书介绍的之外，你还知道哪些？分享给你的同学，并讲讲诗词背后的故事（写的哪里，作者是谁，为什么而写等）

2. 如果让你给外国的小朋友介绍珠江流域片的故事，你想讲什么呢？为什么？

第五章
珠镶珠江

逐水草而居，是祖先们探索出的生存之道。慢慢地，那些水边的定居点越来越大，越来越繁荣，许多地方发展成为城市，珠江流域片因为其得天独厚的条件，成就了我国发达的城市群之一。它们就如同一颗颗珍珠，在这片也称为"珠"的水边各放异彩。

第一节　南盘江畔水润城

1. 珠江源上第一城——曲靖

说到云南，相信曲靖不会像昆明、大理、西双版纳那样让你第一时间想起。但从珠江水系上看，曲靖应该坐第一把交椅，因为它就在珠江源南盘江边，马雄山就在曲靖，曲靖还位于长江、珠江两大水系的分水岭地带。这个南北长于东西的区域，北有珠江源，南与广西和贵州交汇。所以，人们常说曲靖是"滇黔锁钥"。

既然坐落在源头，不用说，海拔高度自然也不会低，最高处海拔4017米，最低处海拔695米，平均海拔2000米，年平均气温14.3℃，年降水量1038毫米，森林覆盖率50.1%。曲靖也是多民族聚集区，有彝、回、苗、壮、布依、水、瑶等世居少数民族，属亚热带气候区。

看看这张曲靖旅游示意图就知道，这里的美景大都因为水，珠江源区建了公园，南盘江先北南、后西东贯通曲靖，旅游资源非常丰富（图5-1）。

如果有机会到曲靖，一定不要忘记去看看珠江源、我国最美瀑布群——

九龙潭瀑布等自然美景，也不要忘记去参观一下早在1958年就建成的源头水库——花山水库。它在防洪、灌溉、供水、发电中发挥了重要的作用。

图5-1 曲靖旅游景点分布示意

曲靖还是一个历史悠久的文化名城，已有3000多年的文明史、2000多年的建制史。多民族的聚集融合，创造出爨[cuàn]文化、铜商文化等。爨文化是曲靖历史最为悠久的文化，是爨氏统治这一区域400余年间逐步形成的历史文明，包括礼乐、诗歌、习俗、典祀、服饰、饮食、医药、建筑、工艺。目前保留下来的《爨龙颜碑》与《爨宝子碑》被誉为"南碑瑰宝"（图5-2）。

曲靖还是4.2亿年前登陆鱼类和人类鱼形祖先的起源地之一，被古生物学界誉为"鱼的故乡""化石圣地"。

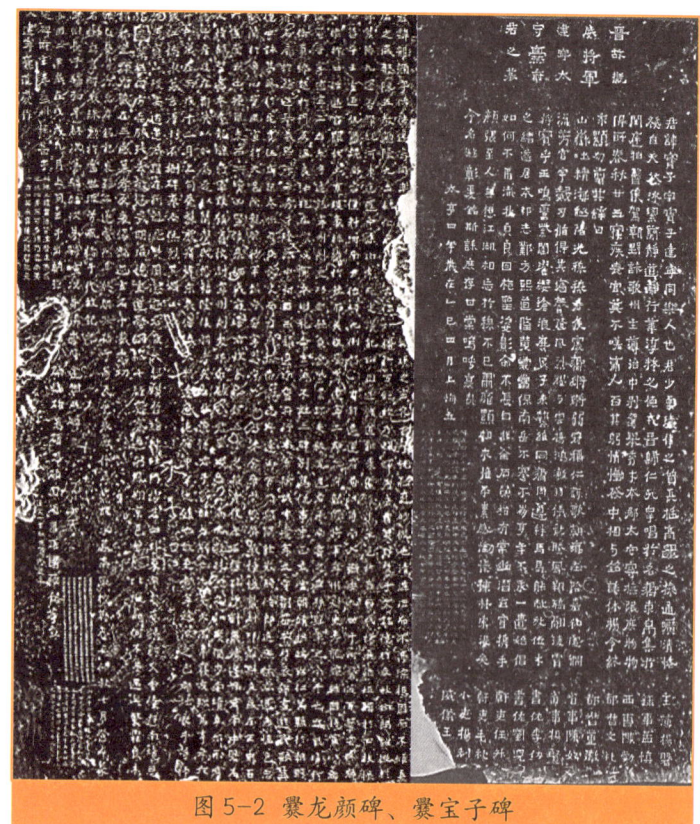

图5-2 爨龙颜碑、爨宝子碑

如今，曲靖依托其独特的自然环境和丰富的自然资源，按照"绿色能源""绿色食品""健康生活目的地"的目标发展自己。其中高原特色农业已经在云南省居首，"滇东粮仓"名副其实。

2. 湖泊更出名——玉溪

南盘江一路南下，或许为了靠玉溪更近一些，南下的方向就偏西了，这一偏又稍微晚了点，刚好错过了昆明市区。玉溪就变成了紧邻南盘江西侧的城市，南盘江的一级支流曲江在玉溪境内流入南盘江。

其实湖泊才是玉溪的名片。前面介绍的抚仙湖、星云湖、杞麓湖、阳宗海都在其境内，玉溪也因此被称为高原水乡。玉溪处于低纬度高原区，属于亚热带季风气候，年平均气温在15.5～23.7℃，年降水量在800～980毫米。

《义勇军进行曲》也就是国歌的曲作者聂耳先生的故乡就是玉溪，玉溪还有自己的花灯戏，这是云南众多花灯戏的一个支系。

现在的人们了解玉溪更多的是因为玉溪生产的香烟，这里的香烟闻名全国。玉溪的矿产资源也很丰富，这里是全国第二大镍矿。泛亚铁路的中线和东线在这里交汇。

3. "唯有此处峰成林"——兴义

当年徐霞客游历兴义，面对着超过2000平方千米面积的万峰林，感叹这里的美景奇观，不禁唱到，"天下山峰何其多，唯有此处峰成林"。

兴义是贵州黔西南布依族苗族自治州首府，高海拔低纬度，造就了这里的黄金气候生态带。这里的喀斯特地形、地貌占域内面积的71.5%，还因为金矿资源丰富被誉为我国第二个"金三角"。

兴义市平均海拔1200米，年均气温16℃，森林覆盖率为60.67%，约百万人口的1/4是少数民族，包括布依族、苗族、彝族、回族等35个民族。兴义市曾先后获得"中国最佳休闲旅游城市""中国最适宜人居城市""中国绿色生态城市""中国最美的地方""中国观赏石之乡"等20余张城市和旅游的亮丽名片。

除了喀斯特地貌形成的万峰林，兴义还有多个漂亮的湖泊，如万峰湖（图5-3）、兴西湖、木浪湖、围山湖等，湖水连接着云南、贵州和广西三省（自治区），是水上黄金运输线。除了有西江干流的南盘江，还有北盘江、黄泥河等20余条河流纵横交错，水能资源蕴藏量达261万千瓦，是国家"西电东送"重要能源基地。

图5-3　万峰湖上的吉隆堡（图片来源：凤凰网广东）

改革开放后，我国第一个面向国际公开招标的鲁布革水电站就位于兴义和云南罗平县的交界处，还有"西电东送"重点工程天生桥一级电站，平均每年可发电约52.26亿千瓦时，相当于减少了449万吨二氧化碳的排放（如果利用煤炭发同样电量的话）。

第二节 美不胜收西江中

1. "半城绿树半城楼"——南宁

大家都知道南宁是广西壮族自治区首府，位于北回归线南侧，属湿润的亚热带季风气候，年平均气温21.6℃，年均降水量1304毫米，夏天比冬天长很多，一年四季绿树成荫，因此又名"绿城"。

还记得我们说过的"左右两江得郁江"吗？南宁就在郁江边上，但郁江在南宁这一段又改了个名字叫"邕"，所以，南宁简称"邕"。这里已是西江中游，西江已经从高山走到了低山、丘陵、台地。南宁的平均海拔只有300～600米。

南宁是北部湾经济区的核心城市，这座已有1700年历史的城市现在已经成为泛北部湾经济合作、大湄公河次区域合作、泛珠三角合作等多区域合作的交汇点，中国—东盟博览会、中国—东盟商务与投资峰会的长久举办地。

南宁的发展离不开水多之地的工程措施。从历史上防洪大堤的建设（南宁大堤）到20世纪60年代建成的西津水库，再到2016年建成的郁江老口航运枢纽（图5-4），让南宁这座老城有了新的发展格局和机遇。目前，郁江航道已有6个1000吨级船只航道。2020年，南宁水路货物运输量达到4079.5万吨，水运在经济社会发展中正发挥着越来越重要的作用。

如果你去南宁，推荐你从民生码头上船游邕江，"百里秀美邕江"一定让你不虚此行。

图5-4 郁江老口航运枢纽（图片来源：南宁市委宣传部）

2. "江流曲似九回肠"——柳州

前面已经说过，柳州还有一个名字叫"壶城"，名字的来历你也了解了。可想而知，这里的江流有多么的绕！唐宋八大家之一的柳宗元对此也有诗曰，

"岭树重遮千里目,江流曲似九回肠"(图5-5)。不过她还有个别称叫做"龙城",因为传说有八龙见于江中,所以柳江也称"龙江"。

图5-5 从柳州市地形图上可以看出"似九回肠"般的柳江

柳州也属亚热带季风气候,年总降水量1345~1940毫米,柳州市的多年平均气温近21℃,但全柳州的南北温度差异较大。海拔高度在800~1006米。

历史上柳州曾是一座对洪水不设防的城市。1994年6月西江流域大洪水,柳州城区全部被淹。同年年底,柳州就被列为国家重点防洪城市。经过多年的努力,落久水利枢纽、柳州大堤等防洪工程的兴建,已显著提高了柳州城市防洪能力。

由于特殊的地势条件,水运在柳州经济社会发展中占据重要地位,开凿于唐代长寿元年的相思埭(又称"桂柳运河")就在柳州。目前,柳州已建立起沟通西南与中南、华东、华南地区的铁路枢纽,是当之无愧的"桂中商埠"。

曾被贬至柳州任柳州刺史的柳宗元,就住在这里,并为柳州做了许多贡献。柳州木材品质上佳,土葬曾是人的最后归宿,柳州木材所制的棺材因此出名,"死在柳州"的说法由此而来。

3. "江作青罗带,山如碧玉簪"——桂林

桂林在桂江上游、大溶江与灵渠汇合后被称作漓江的那一段。桂林的山水实在太美,漓江、桃花江、相思江、南溪,奇特的喀斯特地貌……因此,从古至今,赞美桂林山水的诗作层出不穷。这句"江作青罗带,山如碧玉簪"就是唐代著名文学家韩愈的手笔。桂林也成了世界各国旅游者到中国来的打卡之地,真正的秀美山水"甲天下",桂林山水就是桂林的"金山银山""金水银水"(图5-6)。

图5-6 桂林象鼻山

桂林四季分明,雨热基本同季,多年平均降水量超过1800毫米,气候条件十分优越,年平均气温接近19.1℃,森林覆盖率70.91%,属亚热带季风气候。"五岭皆炎热,宜人独桂林",这是杜甫的赞誉。

看看那些诗人生活的年代,就知道桂林美丽的历史有多么的长。据记载,桂林的历史已经超过2000年,从秦代就有了"桂林"这个名字。从公元997年之后的900多年,桂林一直是广西的政治、文化、经济、军事中心。

青狮潭水库位于桂林市灵川县,是周恩来总理当年亲自审定规划的国家级大型水库。青狮潭水库为桂林的灌溉、防洪安全、淡水和水电提供了保障,确保河道航运水量条件,改善了漓江水质,在桂林经济社会发展中发挥了重要作用。

4. "苍梧白云远,烟水洞庭深"——梧州

梧州是广西壮族自治区最东面的地级市,"桂浔汇流得西江"就发生在梧州,之后不久西江就跨出广西进入广东了。"山在城中,城被水抱",是梧州山水的基本格局,作为广西的东大门,梧州这个"门面"很给力。唐代

诗人孟浩然一定是领略过梧州的山水（图5-7），才借其浓郁的山水景色道出深深的别离之情，"苍梧白云远，烟水洞庭深"。

图5-7 梧州八景之系龙洲（图片来源：中国文明网，姚琦摄）

梧州属亚热带湿润季风气候，年平均温度为21.1℃，多年平均降水量1503.6毫米，森林覆盖率达75.25%。梧州承接了西江85%以上的来水量，是名副其实的"绿城水都"。历史上的梧州曾无数次遭遇洪水的肆虐，近年来，随着上游龙滩与大藤峡等防洪工程发挥作用，加上梧州市区防洪堤等工程建设，梧州城区的防洪能力已经可以防御西江50~100年一遇的洪水。

看看梧州城里的骑楼街道，就可以遥想这个"百年商埠"曾经的繁华。随着西江黄金水道建设的推进，3000吨船舶可从梧州直达珠江三角洲出海，梧州港再次兴盛，现在它已经是华南第二大内河港。

这一节的4个城市都在西江的中游，也都在广西境内，你去过几个？是不是也有同样的感受呢？

第三节 北、东、韩江炫明珠

1. 南北要塞——韶关

从水系看韶关，韶关位于珠江流域的北江上游武江和浈江交汇处；从山脉看韶关，韶关是跨越南岭进入岭南的第一处；从省区看韶关，韶关是湖南、江西和广东三省交汇处；从广东看韶关，韶关是广东的北大门，这就是韶关的独特之处。

陆路从北方去广东，须经韶关，广东人往往将南岭作为南北分界，如此，韶关实为南北要塞、"入粤咽喉"。也让它独具特色。人们常常惊讶，这是一个最不像广东的地方。

韶关多年平均气温为19.6~20.3℃，多年平均降水量2200毫米，韶关以山地丘陵为主，河谷盆地分布其中，平原、台地面积只占20%。虽然广东省的第一高峰石坑崆（海拔1902米）就位于韶关，但人们知道更多的或许是韶关的丹霞地貌（图5-8）。

图5-8 远眺韶关丹霞山（图片来源：韶关市政府网）

因为其特殊的地理位置，韶关的水、陆交通都很发达。通过武江、浈江、北江、西江等内河航道，货物可通江达海；陆路有京广铁路大动脉、京珠高速公路、106国道、323国道南北东西贯穿韶关，为经济发展提供了便利。北江上游已建的乐昌峡水库、湾头水库等有效保障了韶关市的防洪排涝安全。

中原文化与百越文化在韶关聚会交融，客家人与瑶、畲等世居民族在这里交流，使得这里的文化融南北风采，独树一帜。

2. 地跨"三江"——河源

河源位于广东省的东北部，虽然面积不大，却涉及了东江、北江和韩江三个水系。东江主要在东源、源城、龙川、连平、和平和紫金县境内；北江主要在河源、连平县的西北角，陂头河、贵东河是北江的支流；韩江则在河源的东侧紫金县和龙川县，紫金县有韩江的两个二级支流中坝河、洋头河，龙川县有韩江的一级支流铁厂河、鹤市河等。

东江是这里的主要水系，东江上的新丰江水库和枫树坝水库都在河源境

图5-9 万绿湖龙凤岛（图片来源：万绿湖景区官网）

内。新丰江水库因为其美丽的风景又被称为"万绿湖"，"天上瑶池水，人间万绿湖"就是对这道风景的最好赞誉（图5-9）。枫树坝水库位于龙川县，也被称为"青龙湖"，湖中水质常年保持国家地表水Ⅰ类标准。

河源也被称为"槎城"。槎[chá]，动词的意思是用刀斧砍；名词的意思是参差不齐或者树木的分叉。河源被称为槎城，各种传说都没有离开水，一说是东江最大的一级支流新丰江入东江干流时形成"丫"字形，大家都称槎江；一说是东江干流或支流新丰江上竹筏纵横交错，那江边的城，自然就被称为"槎城"。

河源属热带湿润季风气候，气候温和，雨量充沛，年平均气温21.5℃，平均降水量1768.9毫米。河源以山地和丘陵为主，山地占境内面积的53%，丘陵占36%。这里有"客家古邑"——秦朝岭南四大古邑中保存最完整的佗城，秦越王井就位于河源。"紫金花朝戏""忠信花灯"被列入国家级非物质文化遗产代表性项目名录。

3. 依山面海——惠州

惠州本是粤港澳大湾区中的城市之一，位于广东省的东南部，东江的中下游，东江及其支流西枝江横贯惠州（图5-10），也因此我们将惠州的介绍放在了这一节。

惠州北部有九连山，全境属中低山、丘陵地貌；南临南海，海岸线曲折多湾，全长281.4千米，沿海有红树林和湿地分布，总面积3634公顷。

惠州属亚热带海洋性季风气候，多年平均降水量1879毫米，年平均气温22℃。

惠州有三座大型水库，显岗、天堂山和白盆珠水库。白盆珠水库是东江最大的支流西枝江上游的一座大型水库，库区地形如同一个大水盆。白盆珠

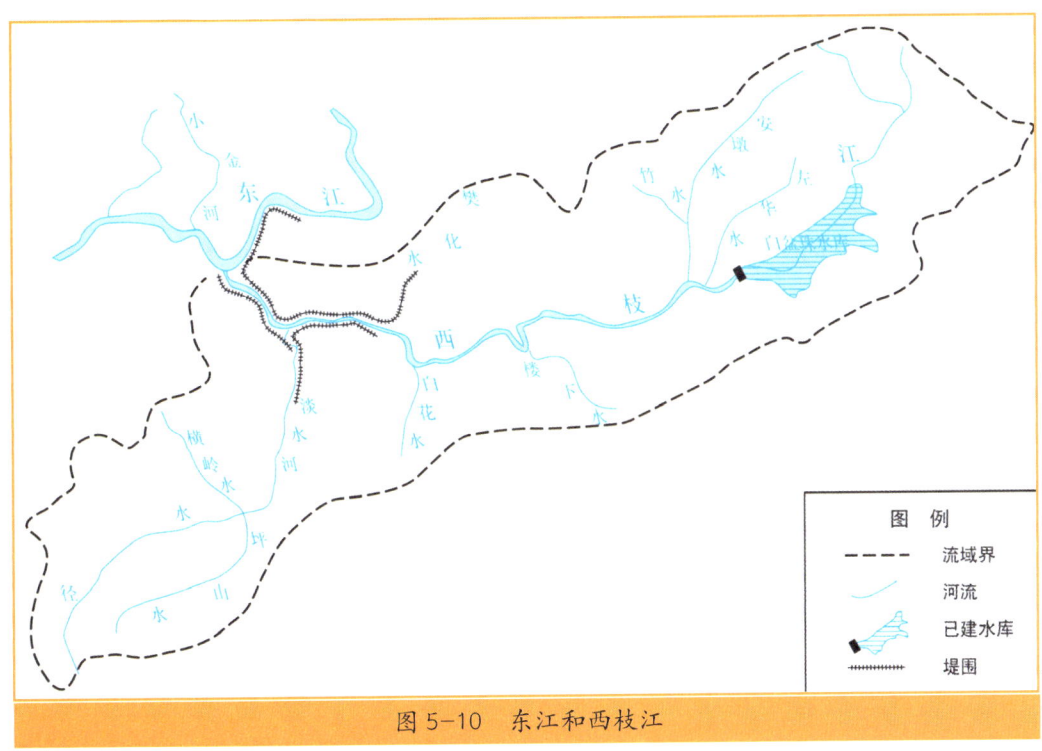

图5-10 东江和西枝江

水库主要有防洪、灌溉、发电和改善航运等效益。

惠州又称"鹅城"。相传南北朝著名山水诗人谢灵运到岭南，乘坐木鹅船逆东江而上，抵达惠州，环视四周，江湖相连，水天茫茫，谢灵运只得在小船里过夜。第二天，木鹅船化成一座小山头，谢灵运就在山头上羽化升天。这座小山就是惠州城南的飞鹅岭，惠州因此得名"鹅城"。北宋杰出文学家苏轼居惠州两年半余，疏浚惠州西湖（图5-11），留下了惠州苏堤，更留下了"不辞长作岭南人"的佳句。

惠州已有历史1400多年，是客家文化、广府文化和潮汕文化的交汇地带。

图5-11 惠州西湖（图片来源：惠州市人民政府官网）

第四节 湾区城市水纽带

千条江河归大海，从西江、北江、东江、韩江等河流的源头走到这里，我们的旅程到达了三角洲区域（图1-7）。这是一片富庶的地方，孕育出了众多的城市。

港珠澳大桥的建成（图5-12），让更多的人知道了大湾区。因此三角洲区域的城市，就先以大湾区为单元打包介绍。粤港澳大湾区一共有"9+2"个城市。"2"指的是香港和澳门，另外9个城市是广东省的广州、深圳、珠海、佛山、东莞、中山、江门、惠州和肇庆。粤港澳大湾区面积5.6万平方千米，是我国人均GDP最高，经济实力最强的地区之一。

图5-12 港珠澳大桥蓝海豚岛（图片来源：港珠澳大桥管理局网站）

1. 春风十里五羊城——广州

看看这张广州水系图（图5-13），就知道广州的水多，河多，河道密度达到0.75千米/平方千米。广州属海洋性亚热带季风气候，全年平均气温20~22℃，是我国年平均温差最小的大城市之一。多年平均降水量1720毫米。因为四季常绿，所以广州也被称为花城。

降水量大，河涌众多，地势低洼，面临南海，独特的地理位置决定了广州时常遭到洪水、风暴潮等的威胁，水利工程在广州千年商都和世界著名港口城市发展过程中发挥了极其重要的作用。

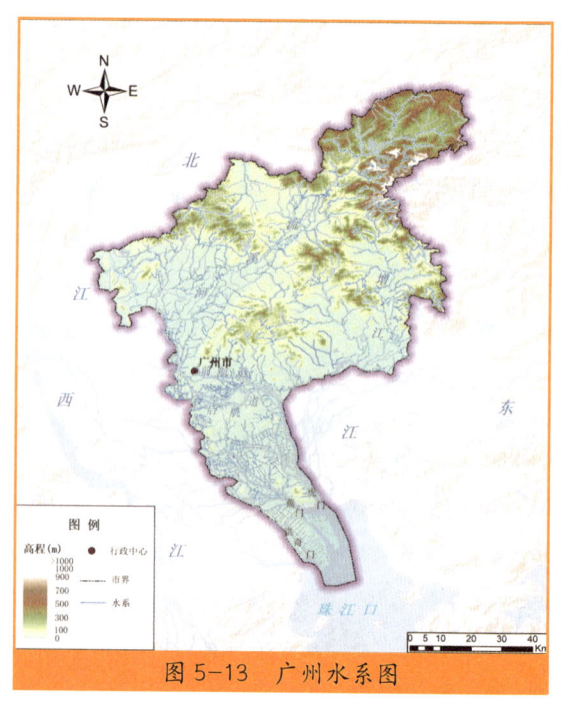

图5-13 广州水系图

无论是广州市越秀区出土的南越国大型木构水闸遗迹（图 2-5，这是世界上迄今发现最早、规模最大、保存最完整的木构水闸遗存，它的年龄已超过 2000 岁），还是今天我们在西江上建设的龙滩水库（图 2-7）与大藤峡水库、北江飞来峡水库和北江大堤等工程，它们不但提高了广州及有关城市的防洪能力，也整体提高了流域的防洪能力。目前广州的防洪能力已经达到 100～300 年一遇。

广州被誉为我国通往世界的"南大门"。"中国进出口商品交易会"（简称"广交会"）自 1957 年 4 月开始，每年春秋两季在广州举办，到 2021 年年底已成功举办 130 届。独特的岭南文化，美丽的自然风光和辉煌的历史，吸引着世界各地的商贾和游客。

2. 渔村变鹏城——深圳

虽然"鹏城"这个名字的历史很长，但是真正让深圳这个小渔村变成展翅腾飞的国际化现代城市却只有不到 50 年的历史（1979 年深圳建市）。

深圳的"圳"，和水有关。"圳"在客家方言里是田间水沟的意思。曾经的渔村因为有深水沟近旁而得名。今天我们已无从寻找到底是哪一条深水沟。但是经过多年的治理，介于深圳与香港的深圳河（图 5-14）确实改变了过去脏乱臭的模样，成为人们又一处休闲纳凉地。

图 5-14 深圳河（左侧为香港农田）（图片来源："南方+"客户端，朱洪波摄）

如今的深圳,已是我国对外开放的重要窗口,改革开放的排头兵,华为、中国平安、招商银行、腾讯、大疆、比亚迪、中兴等一批具有国际竞争力的企业落户深圳,近300家世界五百强企业在深圳投资,深圳也是我国首批创新型城市之一。

深圳市宝安区福永街道凤凰山脚下的凤凰古村是一座有着700多年历史的深圳广府古村落,是文天祥族人后裔、文氏宗族的祖居和民居。

深圳市盐田区沙头角镇中英街,在街中心树立着1898年刻立的"光绪二十四年中英地界第×号"的界碑,界碑东侧为华界沙头角,西侧为英(港)界沙头角,故名"中英街",以其"一街两制"的独特政治历史闻名于世。

3. 东方之珠——香港

香港是我国特别行政区之一,全称中华人民共和国香港特别行政区。香港于1997年7月1日,在被迫租让英国百年后回归祖国。紫荆花曾被香港政府确定为市花,香港特委会在议定香港特别行政区区旗、区徽时,也确定了紫荆花为图案。香港作为全球第三大金融中心,全球重要的国际金融、贸易、航运中心,相信大家都非常熟悉。

香港位于亚热带区域,多年平均年降水量为1400毫米,平均温度为22.8℃,香港岛上也有河流,但较大的河流多集中在香港的西北部,如山贝河、深圳河、林村河、锦田河、双鱼河、梧桐河等。以长度来说,香港最长的河流还是与深圳交界的深圳河,全长37千米。香港还有不少天然湖泊,如三叠潭、新娘潭、曹公潭、照镜潭、龙珠潭等,但除了深圳河,其他河流都太小,或者称为溪更合适。

许多人并不知道,甚至许多居住在香港的年轻人也不知道,香港是一个非常缺乏淡水资源的地方,香港本岛上的水资源不足以支撑香港的发展。

1962年9月至1963年5月,华南地区遭受罕见大旱,香港九龙地区水荒严重,300多万居民饮水困难。那时香港一份叉烧卖5分钱,而一桶水已卖到5元钱。香港所有水塘的存水只够香港人饮用43天。中央政府应香港方面请求安排广东省解决缺水问题。仅用一年时间,东深供水工程(图5-15)经八

图 5-15 东深供水工程纪念园

级提水,就将东江水经深圳水库送到了香港。从那时起截至 2022 年 5 月,东深供水工程历经三期扩建和一次改造,从最初的每年对港供水 0.68 亿立方米提升为 24.23 亿立方米,满足了香港约 80% 的用水需求。60 多年来,累计向香港供水超 260 亿立方米。

香港的繁荣,水是最重要的保障。

4. 莲花之境——澳门

澳门是我国特别行政区之一,全称中华人民共和国澳门特别行政区。1999 年 12 月 20 日,澳门在历经 400 年的漂泊后,回到了祖国的怀抱。澳门以前是渔村,本名为濠镜或濠镜澳,因为周围海域盛产蚝(即牡蛎),当时泊口称为"澳"。澳门古称"莲岛",莲花也成了澳门的象征,因此澳门的区旗中有莲花。

澳门由澳门半岛和氹 [dàng] 仔、路环三部分组成,总面积只有 32.9 平方千米,多年平均降水量 2013 毫米,多年平均气温 22.5℃。澳门三面环海、土地稀缺,尽管年降水量较多,但可利用的淡水资源十分稀缺。1936 年以前,澳门没有自来水供应,居民主要依靠山泉水或者井水生活,二十世纪五六十年代频繁遭遇供水危机。1959 年,澳门中华总商会请求广东省人民政府援助,经中央批准,广东部署建设对澳门供水工程,其中珠海市境内的竹仙洞水库和竹银水库分别是对澳供水的"桥头堡"与核心工程(图 5-16)。目前,

对澳供水工程体系保障了澳门同胞的生活生产需水，截至2021年年底累计对澳门供水约25亿立方米，满足了澳门98%以上的用水需求。

澳门是国际自由港，也是世界人口密度最高的地区之一，轻工业、旅游业、酒店业发达，同样也离不开水资源的保障。

图5-16 对澳供水水源——珠海竹银水库

除了这些已经介绍的城市，大湾区还有若干城市，他们和广州一样，走在改革开放的前沿，敢为人先，为广东乃至全国的经济发展做出了贡献。围着大湾区，可以做一次湾区城市探访，充实您对大湾区城市水的理解。

第五节 沿海、沿边世界殊

除了前面介绍的沿江与大湾区城市外，在珠江沿海与沿边还有一些重要城市，我们再将这些城市归为沿海和沿边城市来介绍。

1. 三江入海——汕头

韩江、榕江、练江这三条独流入海的河流刚好在这里入海，这里还是我国大陆唯一拥有内海湾的城市，这就是广东省的地级城市——汕头。在这里，大陆的海岸线长217.7千米，海岛岸线长167.37千米，有大小岛屿82个。

因为地处三江入海口，汕头发展历史很重要的部分是与洪涝潮旱灾害抗争的历史。《汕头市志》记载，清朝时期，这里有记录的水旱灾害就达320余次。新中国成立以来，汕头市建成了一大批水利工程，如汕头大围、韩江河口五闸（图5-17），配合韩江上游的棉花滩与高陂水利枢纽，现在的汕头城市防洪标准已经达到100年一遇，城市正常供水得到有效保障。

图5-17 汕头境内韩江五大支流出海桥闸

漫长的海岸线孕育了这里发达的港口服务业。汕头港是中国沿海五个港口群中的主要港口之一，与世界58个国家和地区的272个港口有货运往来。这里是潮汕文化重要的发源、兴盛地之一。潮汕文化有中外文化兼容的特点，潮剧、潮菜、潮绣等都独具特色。潮汕海外华侨及港澳台同胞500多万人，遍布世界100多个国家和地区。

2. 三面环海——湛江

湛江在我国大陆最南端、广东省西南部的雷州半岛上，大部分陆地是三面环海，周边还有一些岛屿。地形多为平原和台地。境内河流大多源流短，水量小，落差不大。全市集水面积大于1000平方千米的有鉴江、九洲江、南渡河、遂溪河；集水面积大于100平方千米的干支流有40条；有22条河独流入海。湛江年平均雨量1396～1723毫米，属于热带北缘季风气候，年平均气温在22.7～23.5℃。

湛江还拥有许多"全国之最"。一是我国海岸线最长的地级市，海岸线长达1243.7千米，约占广东省海岸线的40%和全国的10%；二是有我国面积最大的国家级红树林自然保护区，面积为9000余公顷，约占全国红树林总面积的33%；三是有我国近海面积最大的国家级珊瑚自然保护区，达10867公顷，连片面积最大、种类最密集；四是拥有全国第一、世界第二长的沙滩——龙海天，沙滩长28千米。

虽然降雨多，但是因为河流短，很快就入了海，因此这里的水短缺问题，曾经比较突出。新中国成立后，鹤地水库（图5-18）、雷州青年运河等一批水利工程陆续建成，明显改善了这里的用水条件。目前，环北部湾广东水资源配置工程正在兴建，该工程建成后，能够从根本上解决广东省粤西地区特别是雷州半岛水资源短缺的问题。

图5-18　鹤地水库

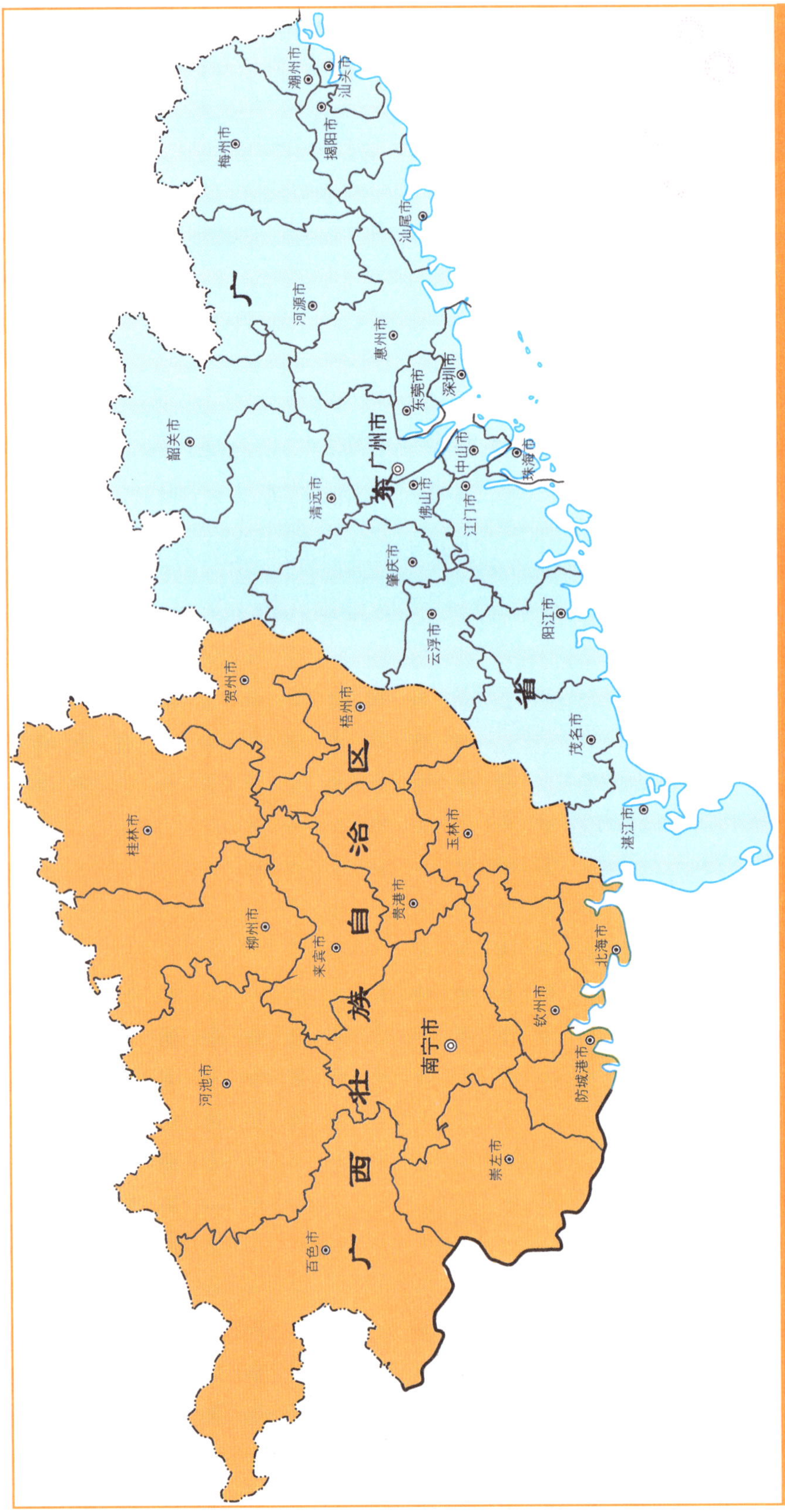

广东省
潮州市
汕头市
揭阳市
梅州市
汕尾市
河源市
惠州市
深圳市
东莞市
广州市
韶关市
清远市
中山市
珠海市
佛山市
江门市
肇庆市
云浮市
阳江市
茂名市
湛江市
广西壮族自治区
贺州市
梧州市
桂林市
玉林市
贵港市
柳州市
来宾市
北海市
钦州市
南宁市
防城港市
河池市
崇左市
百色市

图 5-19 广西－广东地图

3. 三面环山——钦州

从这张广西广东的地图上，能够看清楚沿海城市的相互位置（图5-19）。从广东向西，在南海的西部，就可以看到在北部湾深处有一个城市，只有南面面海，其余三面都被崇山环抱，这就是广西壮族自治区的钦州。

钦州的地形从北部的十万大山的山区，到中部的丘陵地区，再到南部的低丘滨海岗地、平原区，包括钦江三角洲冲积平原，海拔高度来了个三级降跳。钦州三条主要的河流都属桂南沿海独流入海水系：茅岭江、钦江、大风江，三江都从东北流向西南，河流都可灌溉、通航。

钦州为亚热带向热带过渡性质的海洋季风气候，年平均气温22～23℃，年平均降水量2000毫米。钦州湾红树林湿地已被列入中国重要湿地名录。茅尾海红树林自然保护区位于钦州市境内，总面积2700多公顷。

因为特殊的地理条件，钦州成为广西北部湾经济区的海陆交通枢纽、西南地区便捷的出海通道，是中国—东盟自由贸易区的前沿城市。钦州有非常好的深水港建设条件，孙中山先生在《建国方略》中曾规划在此建设"南方第二大港"，并认为"凡在钦州以西之地，将择此港以出海，其经济上受益不小矣"。目前，钦州水运行业不断发展。西部陆海新通道被列入国家"十四五"六大重大工程、排名第二，平陆运河项目进入国家层面研究推动，一批港航基础设施取得新的建设进展。

钦州的灵东水库以灌溉防洪为主，兼发电、种养、旅游等综合利用，又被称为"东湖"，与六峰山等名胜被列入广西滨海旅游风光区。

钦州历史底蕴深厚，自然风光秀丽，山水海湾并存，拥有许多自然和人文景观。"越州天湖"湖水清澈、烟波浩渺、远近山色碧黛，环湖荔枝、芒果树郁郁葱葱。钦州市犀牛角镇的三娘湾是中华白海豚之乡（图5-20）。

图5-20 三娘湾俯瞰（图片来源：马蜂窝官网）

4. 三岛汇成——海口

大部分人都知道海口在海南岛本岛上，其实它还有两个离岛：海甸岛和新埠岛。人们也叫海口"椰城"。因为地处热带，所以在这里椰子树到处都是。这里的气候为热带季风气候，年平均气温24.4℃，年平均降水量1697毫米。

海口的河流也不少，海南岛最大的河流南渡江从海口市西南部进入，穿过中部，从北部入海，南渡江流域的许多支流也都在海口市境内，除此之外，还有许多独流入海的河流。

由于地处热带季风气候，降水量大，又地处河口区域，海口市需要应对风暴潮和洪水的威胁。为此，人们在南渡江及其他河流的上游干支流上修建了一系列水利工程，特别是松涛水库与南渡江迈湾水库，再加上海口市沿岸堤防工程，现在海口市的城市防洪和供水安全保障能力得到全面提升。

海口市有一座苏公祠，是为纪念宋代大文豪苏东坡于1617年（明万历45年）而建。内有浮粟泉（图5-21），称为"海南第一泉"，是苏东坡为改善当地饮水条件，经勘察后指定地点挖掘，并判断说："依地开凿，当得两泉。"开掘后果然得清浊两泉，俱甘甜。清为浮粟泉，浊为洗心泉。粟泉亭由明代知府翁汝遇于万历四十八年（1620年）始建，由继任知府谢继科续建完成。

图5-21 海口苏公祠浮粟泉

海口市也曾是一个小渔村，逐步发展成为国家"一带一路"支点城市，海南省省会城市，是海南自由贸易港的核心城市。

海口的西部以火山地貌为主。雷琼海口火山群世界地质公园，记载了人与石相伴的火山文化脉络，被称为中华火山文化之经典。

5. 三组群岛——三沙

三沙市是我国最南端的地级行政区，辖西沙群岛、中沙群岛、南沙群岛的岛礁（图5-22）及其海域，市人民政府驻地在西沙区永兴岛。

三沙市地处太平洋与印度洋间，是古代"海上丝绸之路"必经之地，享"世界第三黄金水道"之誉，战略位置十分重要。

三沙群岛散布于热带海洋之中，为热带海洋性季风气候。全年高温、高湿、高盐、高辐射。年平均降水量

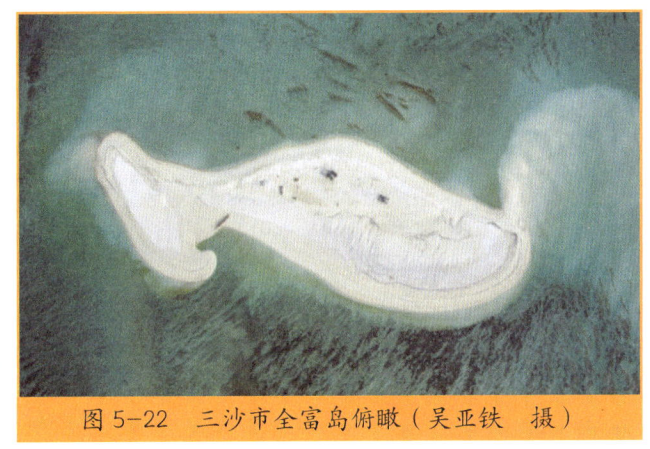

图5-22 三沙市全富岛俯瞰（吴亚铁 摄）

在1500～1900毫米，一年只有两季，12月至次年5月为干季，6—11月为湿季。

三沙市淡水资源十分缺乏，曾需要从330千米以外的文昌市采用船舶运输淡水。近年来，随着三沙市岛礁供水体系日益完善，形成了以海水淡化为主，雨水、岛水、淡水运输为辅的供水形势，市政府所在的永兴岛更是实现了居民家中直通自来水，极大地便利了三沙市的生产生活，为经济社会正常运转保驾护航。

6. 三"厅"溶洞——蒙自

蒙自市是红河哈尼族彝族自治州首府所在地。元江—红河就流经这个自治州。蒙自的年平均气温18.6℃，年降水量816毫米。许多同学还不知道蒙自或者红河哈尼族彝族自治区，但是知道元阳梯田，对，元阳梯田就在这个自治州。

或许你拍了许多元阳梯田的照片，非常漂亮。但是在那里还有一种梯田——"石梯田"，或许你没有见过，它在蒙自五里冲水库的龙宝洞（图5-23）里面。龙宝洞是喀斯特地貌石灰岩溶洞，深500余米，由三个厅堂组成，凝固的石瀑布，定格的石梯田等等都在这个溶洞中。

蒙自是云南最早建县的24个千年古县之一，清末民初曾是云南省对外

贸易的最大口岸，因此创造了云南省的很多第一，如第一个海关、第一个电报局、第一个邮政局、第一个外国银行、第一条民营铁路、第一个外资企业、第一个驻滇领事馆、第一个火电站等。

图5-23 蒙自五里冲水库龙宝洞

抗战时期，西南联大的分校址就在蒙自，许多知名教授如朱自清、冯友兰、闻一多都曾在这里任教。

这么多的城市，也并未将珠江流域片所有的城市都涵盖，已经介绍的城市，也只是着重介绍了城市的自然地理特别是与水有关的情况。她们各具特色、各有千秋。

总体来说，这里的城市最大的特点是水相对多，少部分海岛城市或者半岛城市因为河流太短，蓄水条件不足面临缺水问题，更多的是解决风暴潮和洪水问题。但是，这并不代表这里没有干旱问题或者隐忧。未来的气候变化、城市发展会给珠江流域片的城市带来什么样的新问题，还等待着未来的你们参与作答。

思考题

1. 珠江流域片内许多城市的年降水量并不少，但为什么还会出现缺水的问题呢？

2. 为了解决缺水问题，除了建设工程之外，还需要人们节约用水，个人和家庭怎样节约用水？和大家分享一下你或者你们家里的节水妙招吧。

结束语

珠江之旅，到这里就告一段落。从马雄山到珠江口，一路不断汇入珠江的大大小小的河流，相信你已经更加熟悉！从古至今，生活在这里的人们不断地探究着怎样与水相伴，怎样更好地兴水利、除水害的历史，相信你也一定不再陌生！人们在这里不断地创造出璀璨的文化，不断地与中原交流、与世界交流，不断地兴旺发达，从小渔村变成城市、从小城市变成大都市，造就了一代又一代敢为天下先的岭南人！或许他们就是你们的父辈、祖辈、前辈！

是的，你的心里一定还有许多问号，或许你非常熟悉的珠江流域片的某个地方，这本书里还没有介绍到。接下来，就需要迈开你的双脚，亲自到那里去，相信你亲身感受到的珠江一定更加精彩，接下来的故事由你讲给大家听！

或许未来的某一天，你已经成为一名水利工程师，或者是保护水资源的天使，工作在珠江流域片的某个地方，相信你的故事一定更加精彩，不要忘记与大家分享啊！当然，不管未来的你从事了什么职业，相信你都不会忘记曾经看过的这本书，也一定会更加珍惜水、爱护水，守护我们祖国的大好河山！

参考文献

[1] 水利部珠江水利委员会.珠江续志（1986—2009）[M].北京：中国水利水电出版社,2009.

[2] 水利部珠江水利委员会.珠江流域综合规划（2012—2030年）[R],2013.

[3] 水利部珠江水利委员会.珠江水资源综合规划[R],2008.

[4] 水利部珠江水利委员会.珠江水利简史[M].北京：水利电力出版社,1990.

[5] 水利部珠江水利委员会.珠江水利简史（再版）[M].广州：中山大学出版社,2004.

[6] 李景堂,张达辉.珠江300问[M].郑州：黄河水利出版社,1999.

[7] 水利部珠江水利委员会.珠江志[M].广州：广东科技出版社,1991.

[8] 邵侃.中国古代农业灾害防减体系研究[D].咸阳：西北农林科技大学,2009.

[9] 袁博.近代中国水文化的历史考察[D].济南：山东师范大学,2014.

[10] 苏倩.灵渠的保护、利用与申报世界文化遗产对策研究[D].桂林：广西师范大学,2017.

[11] 刘克华.珠江三角洲桑基鱼塘景观遗产研究[D].广州：华南理工大学,2016.

[12] 吴慧剑.打开南越国水闸 追溯早期水利科技[N].广东科技报,2011-03-26(15).

[13] 吴庆洲.广州古代的城市水利[J].人民珠江,1990(6):36-37,35.

[14] 李云鹏.灵渠水利工程体系及其历史文化特征[J].中国防汛抗旱,2018,28(7):63-68.

[15] 卢子荟.珠江三角洲农田开发史[J].中国农史,1988(2):27-32.

[16] 宋良西.珠江流域水资源管理体制研究[D].广州：华南理工大学,2009.

[17] 钟春云.从西江黄金水道到西江经济带——一江春水向东流[J].当代广西,2019(Z1):56-57.

[18] 王慧.东深供水工程 涓涓清流润紫荆[J].中国水利,2020(21):8-13.

[19] 陈俊合,罗章仁.龙滩水库对珠江三角洲防洪影响的分析[J].中山大学学报论丛,1990(4):1-6.

[20] 西江上一颗璀璨的明珠——长洲水利枢纽工程[J].红水河,2009,28(6):133-134,131-132.

[21] 易越涛,陈军,罗勇强,等.新时期珠江流域水利规划工作的认识和思考[J].人民珠江,2019,40(9):1-4.

[22] 孙进军. 用忠诚与大爱托起香港"生命之源"——记"时代楷模"东深供水工程建设者群体 [J]. 党建, 2021(5):38-41.

[23] 王清华. 云南亚热带山区哈尼族的梯田文化 [J]. 农业考古, 1991(3):300-306.

[24] 珠海竹银水源工程竣工 保障澳门供水安全 [J]. 城市道桥与防洪, 2011(5):111.

[25] 何治波, 吴珊珊, 张文明. 珠江流域防汛抗旱减灾体系建设与成就 [J]. 中国防汛抗旱, 2019,29(10):71-79.

[26] 张虹. 防洪骨干是堤防 强身健体迎大汛 [J]. 人民珠江, 2004(3):70.

[27] 岳中明. 珠江压咸补淡关键技术与实践 [R]. 广州: 水利部珠江水利委员会, 2012.

[28] 王常义, 黄俊, 张殿双. 大藤峡水利枢纽总体布置研究 [J]. 中国水利, 2020(4):7-10.

[29] 王克林, 岳跃民, 陈洪松, 等. 喀斯特石漠化综合治理及其区域恢复效应 [J]. 生态学报, 2019,39(20):7432-7440.

[30] 刘夏, 白涛, 武蕴晨, 等. 枯水期西江流域骨干水库群压咸补淡调度研究 [J]. 人民珠江, 2020,41(5):84-95.

[31] 齐庆辉, 诸裕良, 谢宁宁. 珠江河口航道整治工程对咸潮上溯的影响研究 [J]. 水运工程, 2015(10):138-143.

[32] 谢升申. 平陆运河对珠江三角洲压咸流量的影响分析 [J]. 广西水利水电, 2020(3):21-24.

[33] 梁成彬. 粤港澳大湾区共饮一江水 [J]. 环境, 2018(10):17-18.

[34] 水利部, 粤港澳大湾区建设领导小组办公室. 粤港澳大湾区水安全保障规划 [R]. 2021.

[35] 申子通, 贺新春, 郑久瑜. 珠澳供水安全现状及对策建议 [J]. 广东水利水电, 2015(11):31-33.

[36] 杨芳, 何颖清, 卢陈, 等. 珠江河口咸情变化形势及抑咸对策探讨 [J]. 中国水利, 2021(5):21-23.

[37] 罗建仁, 李新辉, 陈永乐. 珠江水系渔业资源环境状况 [J]. 南海与珠江渔业, 2003, (1).

[38] 崔树彬, 王现方, 邓家泉. 试论珠江水系的河流生态问题及对策 [C], 水利工程生态影响论坛, 2005.

[39] 帅方敏, 李新辉, 刘乾甫, 等. 珠江水系鱼类群落多样性空间分布格局 [J]. 生态学报, 2017, 37(9): 3182-3192.

[40] 张春光, 赵亚辉. 中国内陆鱼类物种与分布 [M]. 北京: 科学出版社, 2016.

[41] 珠江水利委员会《珠江水利简史》编纂委员会. 珠江水利简史 [M]. 广州: 中山大学出版社. 2004.

[42] 陈伟庆. 苏轼治水思想述论 [J]. 广州: 华北水利水电大学学报(社会科学版). 2014.

[43] 蒋丽云. 包拯治理肇庆与中原文化的南传 [J]. 太原城市职业技术学院学报. 2010.

[44] 曲靖市地方志编纂委员会.曲靖市志[M].昆明：云南人民出版社,1997.

[45] 玉溪市地方志编纂委员会.玉溪市志1978—2005[M].昆明：云南人民出版社,2020.

[46] 兴义市史志编委会.兴义市志1978—2006[M].贵阳：贵州人民出版社,2008.

[47] 南宁市地方志编委会.南宁市志1991—2005[M].北京：方志出版社,2018.

[48] 柳州市地方志编纂委员会.柳州市志[M].南宁：广西人民出版社,1998.

[49] 桂林市地方志编纂委员会.桂林市志1991—2005[M].北京：方志出版社,2010.

[50] 梧州市地方志编纂委员会.梧州市志[M].南宁：广西人民出版社,2000.

[51] 韶关市地方志编纂委员会.韶关市志1988—2000[M].北京：方志出版社,2011.

[52] 河源市地方志编纂委员会.河源市志[M].北京：方志出版社,2012.

[53] 惠州市地方志编纂委员会.惠州市志[M].北京：中华书局,2008.

[54] 广州市地方志编纂委员会.广州市志1991—2000[M].广州：广州出版社,2012.

[55] 深圳市地方志编纂委员会.深圳市志[M].北京：方志出版社,2014.

[56] 汕头市地方志编纂委员会.汕头市志1979—2000[M].广州：广东人民出版社,2013.

[57] 湛江市地方志编纂委员会.湛江市志1979—2000[M].广州：广东人民出版社,2013.

[58] 钦州市地方志编纂委员会.钦州市志[M].桂林：广西人民出版社,2019.

[59] 海口市地方史志编委会.海口市志1997—2010[M].北京：方志出版社,2020.

[60] 海南省地方志办公室.海南省志——西南中沙群岛志[M].海口：南海出版公司,2008.

[61] 蒙自市地方志编纂委员会.蒙自县志[M].昆明：云南人民出版社,2014.

[62] 李世佳.广西沿江沿海地区汉代考古遗存的初步研究[D].桂林：广西师范大学,2015.

[63] 黄欣伟.兴义乡村民俗旅游资源开发研究[D].桂林：广西师范学院,2013.

[64] 唐开虎.打造珠江源特色旅游文化城市[N].曲靖日报,2021-01-04(5).

[65] 卢涛,胡文英,张军.滇东喀斯特地区石漠化时空演化特征研究——以曲靖市为例[J].干旱区资源与环境,2021,35(8):71-79.

[66] 李捷,李新辉,谭细畅,等.广东肇庆西江珍稀鱼类省级自然保护区鱼类多样性[J].湖泊科学,2009,21(4):556-562.

[67] 徐柯健,李兴中,刘嘉麒.贵州兴义喀斯特景观特征[J].中国岩溶,2008(2):157-164.

[68] 谷昀凌.桂林市历史文化旅游资源开发探析[J].湖北文理学院学报,2018,39(5):15-19,37.

[69] 税伟,陈毅萍,简小枚,等.喀斯特原生天坑垂直梯度上植物多样性特征——以云南沾益天

坑为例[J].山地学报,2018,36(1):53-62.

[70] 王定宝,聂仁平,李俊.南盘江曲靖段生态廊道发展路径[J].城乡建设,2019(19):25-27.

[71] 李守洪.黔南地区水文特性分析[J].水文,2007(2):93-96.

[72] 张奕.梧州的"水运蓝图"[J].珠江水运,2019(8):10-13.

[73] 陶波,李如海.沾益地名考释[J].红河学院学报,2020,18(4):25-30.

[74] 刘尚仁.肇庆七星岩地区的地形规律[J].中山大学学报(自然科学版),1988(2):88-97.

[75] 李春华.珠江源自然保护区管理现状及保护措施[J].绿色科技,2019(20):41-43.

[76] 徐俊鸣.韶关城市发展的历史地理背景[J].中山大学学报(自然科学版),1981(4):112-121.

[77] 许树辉.韶关市城市化进程与发展趋势研究[J].韶关学院学报,2014,35(12):62-66.

[78] 曲雪松.惠州的水脉功夫[J].小康,2018(27):78.

[79] 戴春平."南下干部第一人"赵佗的历史地位与历史贡献研究[J].广西教育学院学报,2013(6):43-46.

[80] 戴广军,吴智敏.探秘中华恐龙之乡河源[N].深圳商报,2011-02-27(A07).

[81] 张莉.河源市客家文化旅游开发研究[D].广州:仲恺农业工程学院,2018.

[82] 甘超."一带一路"背景下广州港发展定位研究[D].广州:华南理工大学,2017.

[83] 李兴荣.广东水历史及水文化建设研究[C]//注重绿色发展 加强生态文明建设——2016年中国水生态文明城市建设高峰论坛论文集,2016:157-161.

[84] 关蓓.广州主城区河涌景观改造研究[D].广州:华南理工大学,2012.

[85] 施国新.明清广州府志研究[D].武汉:武汉大学,2014.

[86] 陶一桃.深圳奇迹与中国共产党的改革智慧[J].中国经济特区研究,2021(1):1-11.

[87] 徐豪.深圳设计,一张深圳新名片[J].中国报道,2020(12):36-37.

[88] 深圳水利改革30年回顾与展望[J].水利发展研究,2008,8(11):104-105.

[89] 叶曙明.水城广州水为美[J].同舟共进,2021(1):51-54.

[90] 陈文龙,何颖清.粤港澳大湾区城市洪涝灾害成因及防御策略[J].中国防汛抗旱,2021,31(3):14-19.

[91] 梁成彬.粤港澳大湾区共饮一江水[J].环境,2018(10):17-18.

[92] 戴韵,杨园晶,黄鹄.粤港澳大湾区水资源配置战略思考[J].城乡建设,2019(12):42-44.

[93] 胡锦钦,李柯.北部湾钦州市节水型社会建设初探[J].人民珠江,2010,31(5):4-6,9.

[94] 王欣.海口市河湖水系连通与水动力水环境研究[D].广州:华南理工大学,2018.

[95] 钟游洲.海口市应对台风灾害公共危机管理问题和对策研究[D].海口:海南大学,2017.

[96] 周倩. 钦州市水资源现状分析与对策 [J]. 人民珠江, 2013,34(4):53-55.

[97] 刘昂俊. 汕头市水资源开发利用现状分析和保护对策 [J]. 广东水利水电, 2010(12):43-46,53.

[98] 蒋任飞, 孔兰, 王贤平, 等. 海口市水系演变特征及其对区域环境的影响 [J]. 中国农村水利水电, 2018(3):33-36.

[99] 广东省湛江鹤地银湖水利风景区 [J]. 水资源开发与管理, 2017(4):84.

[100] 叶汝坤. 广西钦州市旱涝灾害特点与成因分析 [J]. 国土与自然资源研究, 2004(2):27-28.

[101] 胡秀英. 广西西江流域干流水库防洪优化调度研究 [D]. 南宁: 广西大学, 2015.

[102] 张浩然. 漓江流域水库群生态调度研究 [D]. 宜昌: 三峡大学, 2018.

[103] 罗秋菊, 庞嘉文, 靳文敏. 基于投入产出模型的大型活动对举办地的经济影响——以广交会为例 [J]. 地理学报, 2011,66(4):487-503.

[104] 戴光全, 谭健萍. 基于报纸媒体内容分析和信息熵的广交会综合影响力时空分布 [J]. 地理学报, 2012,67(8):1109-1124.

[105] 冯涛, 马振坤, 谢忱, 等. 英德市北江干堤防洪工程对飞来峡水利枢纽防洪调度影响 [J]. 水利水运工程学报, 2016(2):69-75.

[106] 刘喜燕, 席望潮. 柳江防洪工程体系的进一步探讨 [J]. 人民珠江, 2010,31(S1):70-71.

[107] 何旭, 李巧珍, 谢倩. 深度融合传播 凝聚情感共识——人民网香港回归祖国25周年报道回顾 [J]. 新闻战线, 2022(15):57-58.

[108] 刘晓博. 香港: 下一个25年更加辉煌 [J]. 特区经济, 2022(7):15-16.

[109] 中国共产党历史展览馆. 香港、澳门回归祖国的历史见证 [N]. 学习时报, 2022-04-08(5).

[110] 回首40年: "一国两制"谱华章 [J]. 今日中国, 2022,71(2):34.

[111] 珠海特区报评论员. "濠江故事"一定会越来越精彩 [N]. 珠海特区报, 2021-12-20(1).

[112] 三沙市委书记张军: 努力为加快建设海南自由贸易港作出三沙贡献 [N]. 海南日报, 2021-01-29(A07).

[113] 吴声婧. 三沙市海岛旅游开发现状与发展战略研究 [D]. 三亚: 海南热带海洋学院, 2020.

[114] 张光聪, 张鸿. 五里冲水库——治理和利用喀斯特溶洞的范例 [J]. 云南地质, 2003(1):16-26.

[115] 期刊编辑部. 全富岛: 细沙堆砌的美娇娘 [J]. 珠江水运, 2018(2):44-45.

[116] 李姣梦, 芦俊文, 张友豪. 守护 "北部湾的微笑" [J]. 当代广西, 2022(12):56.

[117] 张燕华, 林欢伟. 非物质文化遗产保护与活态传承创新性研究——以广东省河源市为例 [J].

文化创新比较研究,2022,6(14):78-81.

[118] 李金怡,许莹莹.梧州骑楼历史文化街区的保护与发展研究[J].住宅与房地产,2021(34):255-256.

[119] 覃建谋."华南第一湖"——青狮潭水库[J].钓鱼,2013(14):42-43.

[120] 李秋洁,马国强,余刚,等.云南高原湖泊湿地湖滨缓冲带恢复研究——以玉溪抚仙湖国家湿地公园为例[J].林业调查规划,2021,46(3):105-107.

[121] 李院生.探索以湖泊保护为重点的水生态文明城市建设模式[J].水利发展研究,2020,20(1):49-52.

[122] 王瑞红.珠江源:曲靖文化之魂[J].曲靖师范学院学报,2018,37(5):31-35.

[123] 付尔华.深入挖掘研究爨文化的时代价值[J].社会主义论坛,2019(5):54-55.

[124] 中共中央,国务院.粤港澳大湾区发展规划纲要[R].2019.

[125] 水利部,粤港澳大湾区建设领导小组办公室.粤港澳大湾区水安全保障规划[R].2021.

后 记

　　因为有了《美丽长江》的编写经历,所以当中国水利学会吴剑副秘书长找到我,希望我再担任珠江科普读物的主编时,便没有太多顾虑地答应了。不仅因为之前那点儿经验,更因为想通过这本读物"科普"一下自己。

　　编写面临的首要问题是素材,从哪里来?怎样筛选?非常荣幸的是,水利部珠江水利委员会非常重视此事,组织了专题研讨会。王宝恩主任特别和我谈到,将美丽的珠江介绍给少年儿童,在他们心中装进一滴水,或许未来就能够有更多的国家水利栋梁之材,这是多么重要、光荣和幸福的一件事!为此,珠江委专门组建了一支团队(其实团队人员都同时兼顾很多工作),由谢宝副总工程师牵头负责,国科处作为组织部门。

　　随之而来的便是怎样遴选素材的问题。经过多次讨论,将"水、水生态、水工程、水成就"作为编写主纲。尽管在这样的框架下,依然面临着浩如烟海的信息,但是纲确定了,素材遴选的进程便大大加快了。

　　不再赘述那些"不眠不休"的日日夜夜;那些因为疫情,和珠江委一群年轻人线上讨论、和谢总不断微信及邮件往返的工作过程;那些与珠江

后记

委老专家们的专题讨论交流……只想说说在成书过程中我的点滴体会。或许对正在阅读这本书的你有点启发。

作为一名水利专业工作者，写科普读物，其实最难做到的就是区别"科普"与"科技"。一方面，面对未来的读者——他们大部分都是少年儿童，要做好"科普"二字中的"普"；另一方面，就是要达到"科普"中的"科"——科学的要求。将二者融合，还要有吸引力，这便是科普作者的最大挑战。很多时候为了读者，需要转变表述方法、舍弃一些对于科技工作者来说难以取舍的内容，这对愿意为科普做点贡献的科技工作者来说并不容易；反过来，科普也不能为了"普"而提供似是而非的信息、或者因为表述不当而误导读者。

找到合适的切入点，其至还要发现一些未曾被专业人员发现的、有趣的且正确的信息，便是创作科普读物的乐趣所在。《灵秀珠江》便是这样历时一年多不断探究、学习、尝试的作品。

石秋池

2022 年 9 月